BIBLIOTHÈQUE DE LA CHASSE ILLUSTRÉE.

PAUL CAILLARD.

DES CHIENS ANGLAIS

DE CHASSE ET DE TIR,

ET

DE LEUR DRESSAGE,

A LA PORTÉE DE TOUS.

SETTERS, — POINTERS, — RETRIEVERS,
COCKERS, ETC., ETC.

PRÉFACE

DU MARQUIS DE CHERVILLE.

PARIS.

LIBRAIRIE DE FIRMIN-DIDOT ET Cⁱᵉ,

IMPRIMEURS DE L'INSTITUT, RUE JACOB, 56.

1882.

DES

CHIENS ANGLAIS

DE CHASSE ET DE TIR.

Typographie Firmin-Didot. — Mesnil (Eure).

BIBLIOTHÈQUE DE LA CHASSE ILLUSTRÉE.

PAUL CAILLARD.

DES CHIENS ANGLAIS
DE CHASSE ET DE TIR,

ET

DE LEUR DRESSAGE,

A LA PORTÉE DE TOUS.

SETTERS, — POINTERS, — RETRIEVERS,
COCKERS, ETC., ETC.

PRÉFACE

DU MARQUIS DE CHERVILLE.

PARIS,

LIBRAIRIE DE FIRMIN-DIDOT ET Cⁱᵉ,

IMPRIMEURS DE L'INSTITUT, RUE JACOB, 56.

1882.

L. DE CHASTENET DE PUYSÉGUR.

— ✑✦✑ —

Mon cher ami,

De longues années se sont écoulées depuis le jour où j'ai fait mes premières armes de veneur à la grande école française dont vos frères et vous avez su maintenir les savantes traditions.

Souvent, dans nos courses à travers champs, le fusil sur l'épaule, vous avez apprécié, à côté de moi qui vous l'exposais, le système sage, raisonné, que les Anglais emploient pour le dressage de leurs chiens d'arrêt.

Vous me disiez que ce serait une œuvre utile que de faire connaître ce système si puissant dans ses effets et si différent des pratiques bruyantes et brutales dont on usait en France.

J'ai suivi votre conseil et vous dédie ce livre, mon cher ami, le plaçant sous le haut patronage de votre personnalité.

PAUL CAILLARD.

Belair, 23 mars 1882.

a.

PRÉFACE.

—

Cette espèce de présentation au public d'un livre et de son auteur, qu'on est convenu d'appeler *une préface,* ne représente pas généralement une besogne séduisante et facile. D'abord, avec quelque expérience, on ne saurait conserver d'illusion sur le sort qui lui est réservé : le couteau à papier du lecteur avisé respectera scrupuleusement la virginité des pages où s'étale le préambule obligatoire; quelques-uns daigneront peut-être les parcourir d'un œil distrait; mais, si sincère que vous vous soyez montré dans vos appréciations, les éloges les ayant mis en méfiance, ce sera avec un parti pris de sévérité qu'ils arriveront à l'œuvre à laquelle vous vous êtes efforcé de rendre justice.

Il est un cas, cependant, où cette tâche devient une véritable bonne fortune, celui où l'ouvrage traite de quelque question spéciale, sur laquelle le lecteur concentre lui-même tout son intérêt, lorsque l'écrivain, objet de la sympathie de tous ceux auxquels il s'adresse, jouit parmi eux d'une autorité non seulement incontestable, mais incontestée. Ce cas est le mien.

Le livre auquel ces quelques lignes serviront de préambule traite *des chiens anglais et de leur dressage;* il est destiné aux chasseurs; il a pour auteur M. Paul Caillard. Dans de telles conditions la causerie du préfacier n'a plus rien qui puisse m'effaroucher : le pis qui doive arriver, c'est que l'universalité des lecteurs se rallie avec ensemble à la prudence du groupe numéro un, et ils peuvent être certains que nous ne les en blâmerons pas.

Le chien couchant date de loin; quoique ce n'ait été qu'à une époque relativement récente qu'il ait été utilisé pour la chasse à tir, son rôle cynégétique n'en avait pas moins été important jusqu'alors; il figurait parmi les auxiliaires de la fauconnerie; il avait encore son emploi dans les chasses au filet.

L'arrêt n'a point figuré dans les instincts primitifs du chien, animal créé pour poursuivre sa proie en en suivant la piste et à s'en emparer soit en la gagnant de vitesse soit en épuisant ses

forces. Il fut probablement une aptitude particu-
lière à certaines individualités qui, comme les
félins, se recueillaient, ménageaient leur élan
avant de se précipiter sur le gibier dont leur
odorat leur avait indiqué la présence.

Cette aptitude on la retrouve chez tous les
carnassiers du même ordre. Nous avons vu un
loup se raser dans une bruyère pour s'approcher d'un buisson où se trouvaient quelques
oies, avec des façons qu'un braque n'eût pas dé-
savouées; elle est probablement plus caractérisée encore chez le renard, qui procède surtout
par surprise; enfin, il n'est pas de chasseur aux
chiens courants qui n'ait vu un de ces animaux
« indiquer » l'arrêt, lorsqu'il se trouvait tout
à coup en présence d'un gibier au gîte, qu'il
n'avait pas préalablement éventé.

Les hommes, comprenant le parti qu'ils pouvaient tirer de cette disposition, la fortifièrent
par la culture, puis la fixèrent par la sélection.
Il nous semble très vraisemblable que ce fut là
l'origine des chiens couchants.

Ils étaient déjà assez multipliés sous le règne
d'Henri IV. *Citron*, le chien favori du roi aussi
chasseur que vert galant, *Citron*, qui servit de
thème au fameux sonnet de d'Aubigné sur les

ingratitudes royales, était un braque blanc et
orange.

Les seuls spécimens sérieux qui nous soient
restés des chiens d'arrêt d'autrefois, nous les
trouvons dans les peintures que Desportes et
Oudry nous ont léguées et qui datent des règnes
de Louis XIV et de Louis XV.

Bien qu'il nous paraisse à peu près incontestable que la création des grandes races anglaises
soit postérieure au moins au premier de ces
deux règnes, les chiens du Cabinet représentés
dans ces tableaux nous semblent se rapprocher
beaucoup des setters et des pointers d'aujour-
d'hui, et fort peu de nos vieux braques et de
nos anciens épagneuls. Malgré leurs queues
écourtées et rasées, se terminant par un bou-
quet, *Bonne Ponne* et *Nonne* sont des types
complets des derniers; *Blanche,* chienne de la
meute de Louis XV représentée en arrêt devant
un faisan panaché, reproduit tous les caractères du chien de Saint-Germain, lequel n'est
qu'un pointer acclimaté; cette vérification est
assez curieuse pour prendre la peine d'aller
en juger au Louvre.

Les écrivains que les nécessités de leur dog-
matisme condamnent à justifier vaille que vaille,

les petits décrets qu'ils ont formulés en la matière, ont cherché une explication à cette anomalie au moins bizarre. Les modèles de ces tableaux seraient descendus de chiens importés par Henriette d'Angleterre et offerts par elle à son royal beau-frère. Alors que faudrait-il penser des dates que les Anglais très savants, mieux renseignés que nous ne pouvons être, ont assignées à la création de leurs espèces?

Nous possédons nous-même une miniature, datée de 1697, représentant un gentilhomme en costume de chasse. Un chien appuie sa tête sur le genou du personnage et ce chien reproduit assez fidèlement le type de *Blanche*, dont nous parlions tout à l'heure. Comme il est peu probable qu'un hobereau beauceron ait eu part aux munificences de la fille de Charles Ier, nous serions autorisé à en conclure que les chiens de cette forme n'étaient pas exceptionnellement rares au commencement du dix-huitième siècle et que ce fut à cette époque que le braque français, reproduction et, probablement dérivé du braque espagnol, prit le dessus. Quoi qu'il en soit, ce passé est tellement ténébreux, les jalons sur lesquels on pourrait se guider nous paraissent enveloppés de brouillards si épais, qu'une dissertation sur ce thème serait véritablement oiseuse.

Ce qu'il ne faut jamais perdre de vue dans toutes les questions de race canine, c'est la rapidité véritablement prodigieuse avec laquelle une variété peut disparaître. Les exemples en fourmillent : le carlin si à la mode sous Louis XV, dont vous retrouvez le masque d'Arlequin dans tous les tableaux, dans toutes les gravures pendant une période de plus de cinquante ans, s'était si complètement effacé que son apparition, nous pourrions dire sa résurrection, à la première de nos expositions du Jardin d'acclimatation, prit les proportions d'un événement; elle valut même à cette disgracieuse espèce le bénéfice d'un regain de curiosité sinon de vogue.

Il y a vingt-cinq ou trente ans, les King-Charles, les Blenheim étaient dans tous les salons. Les exemplaires de ce ravissant épagneul sont aujourd'hui plus que rares; encore un demi-siècle d'indifférence et ils auront, chez nous du moins, la destinée des carlins.

Arrivons à des variétés qui devaient nous toucher davantage; nos contemporains n'ont probablement pas perdu le souvenir des chiens du Haut-Poitou dont il leur fut donné, comme à nous, d'admirer les débris très clair semés. Dans l'enfiévrement qui s'empara des veneurs, aux débuts de la vogue du croisement avec le foxhound, ces débris on dédaigna de les conserver; on ne réfléchissait pas que le sang aurait probablement besoin de se retremper aux sources maternelles. Aujourd'hui que l'on en a reconnu la nécessité, on voudrait les retrouver; on en cherche les restes mais sans trop les découvrir.

Si l'effacement des variétés de chiens couchants est moins prompt, moins absolu, cela tient uniquement à ce qu'ils étaient infiniment plus multipliés. On parle beaucoup des chiens français, mais à l'examen, combien s'en trouve-t-il qui justifient la qualification qu'on leur décerne?

Une de nos espèces les plus estimables, l'épagneul de Pont-Audemer, est devenue rarissime; la variété de braque créée par M. Dupuy ne l'est pas moins, à l'état de pureté, et enfin le braque proprement dit, de tous, il y a trente à quarante ans, le plus commun, le plus multiplié, n'existe pour ainsi dire plus dans notre région. Les caractères du type étaient notoirement incomplets, dans tous ceux, *sans exception*, qui ont été présentés à nos expositions, sous cette qualification. Seul, le Midi, qui n'a plus de gibier, possède

encore quelques beaux échantillons de cette variété. Pour nous qui observons les chiens que
nous rencontrons avec la sympathique curiosité
que d'autres réservent pour les jolies femmes,
nous avons encore le souvenir d'un beau et véritable braque, aperçu dans les rues de la ville
de Chartres, où il quêtait dans le ruisseau;
mais ce souvenir, il est unique.

Nous sommes de ceux qui, pendant longtemps,
ont cru à la possibilité de la reconstitution de
ces races, mais nous avons fini par reconnaître
que c'était une pure illusion. Une difficulté ma-
térielle se surmonte ou s'escamote. Quand
l'obstacle relève de l'ordre moral, quand il
puise son origine dans des mœurs, des habitudes d'autant plus puissantes que les conditions
de la fortune les justifient, il est bien rare que
l'on parvienne à en triompher. C'est précisé-
ment l'écueil que des bonnes volontés isolées
rencontreront toujours quand elles s'attaqueront
à cette régénération.

Nous ne pensons pas exagérer en établissant
que, quatre-vingt-dix-neuf fois sur cent, si un
chien est remarquable, soit comme finesse de nez,
soit comme docilité, soit comme fermeté dans
son arrêt, soit même comme perfection au rap-

port, on se montrera parfaitement indifférent de son ascendance, que l'on se montrera même très indulgent pour certains caractères de conformation établissant clairement un métissage plus ou moins fâcheux. C'est pour cela surtout que la reconstitution précitée nous semble condamnée à devoir rester dans le domaine des chimères, tant qu'elle aura à s'opérer sous de tels auspices.

Sans doute avec une sélection intelligente, rigoureuse et persistante, en se garant de la consanguinité, on arriverait à diminuer, puis à éliminer les cas d'atavisme ; on restituerait à la race sur laquelle on aurait opéré cette fixité qui est pour elle la première condition de son existence. Mais ce travail, presque une œuvre, qui devra se poursuivre pendant une assez longue suite de générations, qui non seulement entraînera de sérieuses dépenses, mais absorbera presque entièrement l'existence de celui qui s'y consacrerait, qui donc se résignera à en assumer la très lourde tâche ?

Le tempérament français, en fait de race canine, — si nous osions hasarder le rapprochement, nous dirions aussi, en fait de politique, — se caractérise par une invincible répugnance à sacrifier aujourd'hui à demain. Nous n'avons pas la vocation des entreprises à lointaines échéances; nous ajouterons qu'il faudrait un véritable dévouement pour les hasarder, car il n'est pas difficile de démontrer qu'on ne serait ni récompensé, ni même indemnisé, de ses peines et de ses dépenses.

En fait de courses de chevaux nous avons été bien longtemps d'assez pâles copistes. Il a fallu un certain nombre d'années pour que nous osions nous risquer sur les hippodromes de nos voisins, et d'autres années encore pour que nous arrivions à battre de loin en loin ceux qui furent nos initiateurs et nos maîtres. Si nous y avons réussi, cela n'a pas été seulement en empruntant aux Anglais quelques douzaines de mots de leur langue, en nous appropriant leurs méthodes d'élevage, d'entraînement, et la mise en scène de leurs fêtes hippiques; c'est bien plutôt parce que peu à peu nous avons été gagnés par cet enfièvrement du sport, par cette passion qui, comme la foi, soulève des montagnes. C'est en nous faisant Anglais sur ce point que nous sommes parvenus à les égaler quelquefois.

Malheureusement l'élevage du chien manque absolument des stimulants qui ont poussé si haut et si loin celui du cheval de course; ici chacun agit pour ses jouissances personnelles; il n'est pas de triomphe public pour l'inciter au sacrifice; il n'a point de dédommagement direct ou indirect à espérer en cas de succès : un chien dressé vendu 300 francs à deux ans, représente à peine ce qu'il a coûté.

Dans ce désarroi sans issue, en présence de cette orgie de métissages qui date d'une quarantaine d'années, mais se poursuit, il est évident que nous n'avions rien de mieux à faire que d'emprunter à la Grande-Bretagne ses chiens, comme nous lui avions emprunté ses chevaux. Il y a longtemps déjà que l'expérience en fut tentée; les résultats n'en furent point satisfaisants, mais, nous devons l'avouer, la responsabilité de l'insuccès revient tout entière à l'inexpérience des expérimentateurs. Les chiens anglais entreprenants jusqu'à la violence, pliés à une discipline sévère, déroutaient absolument leurs nouveaux maîtres habitués à des quêtes méthodiques et calmes; ceux-ci eurent généralement le tort de les essayer dans des chasses en ligne, parallèlement avec des braques, des épagneuls aux allures pondérées; aussi l'effet fut-il désastreux : les débutants y gagnèrent la qualification et la ré-

putation de *brigands;* on sait avec quelle facilité
les légendes s'établissent dans notre pays; l'im-
possibilité de l'adaptation du chien anglais à nos
chasses devint, pour l'immense majorité des
chasseurs, article de foi.

Ceux-là seulement que de fréquents séjours
dans le Royaume-Uni avaient mis à même d'apprécier les qualités de haut nez vraiment excep-
tionnelles des pointers et des setters, leur énergie, leur puissance musculaire, leur résistance
à la fatigue, leur conservèrent leurs prédilec-
tions, déjà justifiées par la beauté, par l'élégance
suprême de ces animaux. Presque tous se con-
tentèrent des jouissances qu'ils leur devaient,
sans essayer de battre en brèche la défaveur si
nettement caractérisée dont ils jouissaient dans
le monde cynégétique français. Un seul l'osa,
un seul entreprit la tâche difficile de dissiper
d'injustes préventions; il s'y dévoua avec tant
de persévérance que si les races de chiens anglais réussissent à se propager en France, c'est
à lui que doit en revenir tout l'honneur.

Celui-là, c'est l'auteur que vous allez lire.

Si profonde que soit notre amitié pour M. Paul
Caillard, elle ne vous sera pas suspecte lorsque
nous vous aurons déclaré qu'il s'en faut de beau-

coup que nous le suivions docilement partout où
son enthousiasme pourrait vouloir nous conduire.
Dans cette question des chiens anglais, nous
sommes divisés d'opinion sur plus d'un point, et
notamment sur celui des chiens à aptitudes mix-
tes, arrêtant et rapportant, que je considère
comme destinés à rester notre apanage. Ceci
posé, il nous est permis de confesser que, comme
sportsman, il nous inspire une admiration aussi
vive qu'elle est sincère.

« M. Paul Caillard, écrivions-nous il y a quelques mois, c'est Robin-Hood avec un fusil sur
l'épaule au lieu d'arbalète. Ce neveu d'Eugène
Sue a concentré au service de tous les sports toutes
les facultés d'un esprit très supérieur, toute
l'activité, toute la vigueur d'une organisation
d'élite. De ces sports, il n'en est pas un seul que
ce Parisien d'Angleterre n'ait abordé, pas un
dans lequel il n'ait excellé. Yachtman distingué,
cavalier entreprenant, il manœuvre un slipper
avec autant d'aisance qu'il en met à aborder
une barrière; ses équipages de chasse ont laissé
des souvenirs vivaces en Sologne aussi bien qu'à
la Christinière; comme les Anglais ses modèles,
il ne croit pas déroger en dépensant autant
d'enthousiasme pour la pêche que pour la chasse;

il est un des rares preneurs de truites que nous ayons à citer; son expérience de la chasse, la perfection régulière de son tir lui laissent peu de rivaux derrière un chien d'arrêt; enfin il est à peu près seul à posséder les grands types de ces pointers, de ces setters dont nos voisins sont si fiers et si jaloux. »

Le dernier trait de ce croquis à la plume est le seul dont l'exactitude ne soit pas rigoureuse, car ces beaux animaux commencent à se vulgariser chez nous, mais c'est surtout grâce à M. Paul Caillard.

Personne n'a oublié la vive admiration que lors de notre première exposition canine soulevèrent *Don* et *Doll*, les deux pointers marron tiquetés de blanc et le magnifique spécimen des english et Gordon setters qu'il avait envoyés, et auquel le jury décerna les premiers prix et la grande médaille d'honneur. Les succès de ses chiens anglais aux exhibitions suivantes ne furent pas moindres; s'il s'est abstenu aux dernières, il avait pour le faire des raisons sérieuses, qu'en vérité nous ne saurions trouver mauvaises. C'était déjà beaucoup que d'avoir opposé les magnifiques animaux dont l'industrie de nos voisins a réussi à doter leur pays, aux tristes dé-

bris de nos races indigènes, cela ne suffisait pas
encore à l'ardeur des convictions de M. Paul
Caillard : il entendait travailler plus efficacement
à leur diffusion et, dans ce but, il créa le premier véritable *stud* de chiens anglais que nous
ayons possédé en France; il se livra à l'élevage
de leurs produits avec un acharnement qui n'a
jamais connu les défaillances.

Aujourd'hui, il est bien facile d'apprécier le
pas en avant qui a été le couronnement de ces
multiples efforts. Ouvrez tel numéro que vous
voudrez de cet utile petit journal qui s'inti-
tule : *l'Acclimatation,* qui a rendu à l'élevage,
dont il est l'organe le plus pratique, de si sérieux
services, vous y trouverez dix demandes de
chiens anglais, contre une de chiens d'autres
races. Ce mouvement que, nous le répétons,
dans la décadence flagrante de nos races, il faut
saluer comme un progrès, M. Paul Caillard en fut
l'initiateur et il a le droit de s'en enorgueillir.

Si quelqu'un était en situation de parler de
ces chiens anglais, de retracer leurs diverses
origines, de les suivre dans leur filiation, de décrire leurs formes extérieures, comme leurs aptitudes spéciales, c'était certainement celui qui
s'était fait le propagateur infatigable de ces ani-

maux. Ayant habité l'Angleterre pendant de longues années, s'étant familiarisé avec tous ses terrains de chasse, se trouvant en relations amicales avec tous les propriétaires des grands studs; il ne devait jamais se trouver dans la nécessité de demander ses inspirations à l'intuition; se trouvant le seul Français qui fasse partie du Kennell Club de Londres, il était assez riche en souvenirs, en observations personnelles, pour n'avoir pas besoin d'en emprunter aux livres de ses devanciers. L'ouvrage se recommande à bien des titres, mais son mérite supérieur, ce qui restera son caractère personnel et spécial, sera certainement l'exactitude rigoureuse de ses renseignements.

Un traité de dressage complète le livre de M. Paul Caillard, et c'est encore à ce point de vue qu'il nous paraît précieux. Ces sortes de théories ne sont pas ce qui nous manquait; personne ne s'est mêlé d'écrire sur la chasse sans céder au besoin d'initier ses concitoyens au grand art de mettre un chien au rapport; que disons-nous? Il s'est trouvé des écrivains assez inspirés pour enseigner comment on leur apprend à arrêter! Malheureusement, il s'est trouvé bien peu de praticiens pour mettre à

profit tous ces manuels, peut-être parce qu'ils
ont un peu trop l'air d'avoir été copiés les uns
sur les autres. Nous n'apprendrons rien à nos
confrères en leur rappelant que le plus grand
embarras dans lequel ils se soient jamais trou-
vés, fut certainement quand ils assumaient la
tâche de découvrir un dresseur, embarras auquel la plupart n'ont échappé qu'en acceptant
la charge de l'éducation du sujet. Les méthodes
si rationnelles du dressage anglais, M. Paul
Caillard les décrit avec une précision de détails qui facilitera singulièrement cette besogne
qui, d'après la peinture qu'il nous en fait, doit
finir par devenir beaucoup moins ennuyeuse
qu'attachante.

Ce qui nous plaît par-dessus tout dans le livre,
c'est que si convaincu que soit son auteur, il ne
verse pas dans l'intransigeance. Il n'est pas de
ceux qui, si vous vous avisiez de trouver que
les allures d'un pointer à grande quête ne ca-
drent pas avec vos vieilles jambes, ont recours
aux mathématiques pour vous démontrer que
celles-ci sont dans leur tort et que ce que vous
avez de mieux à faire, c'est de vous en aller
chez le rebouteur. Il sait faire une large part à
nos habitudes françaises, et cette tolérance est,

je crois, le secret de sa prédilection très marquée pour les setters Gordon qui, de tous les
chiens anglais, sont sans contredit ceux qui s'y
plient le plus aisément.

En résumé, le livre que nous donne aujour-
d'hui M. Paul Caillard sera encore mieux ac-
cueilli que ses aînés. Il sera pour les sportsmen
le guide le plus sûr dans le choix de leurs nouveaux compagnons, comme il les charmera par
la fidélité, par la sincérité de ses peintures; enfin, il se présente à des heures difficiles, où ce
qui vous rattache aux paisibles jouissances de
la vie champêtre, parmi lesquelles la chasse
figure en première ligne, acquiert un prix ines-
timable.

Marquis G. DE CHERVILLE.

LES
CHIENS ANGLAIS.

DE LEUR DRESSAGE

ET

DES DIFFÉRENTES ESPÈCES LES PLUS UTILES A LA CHASSE

EN FRANCE.

———◦∞◦———

QUELQUES MOTS AU LECTEUR.

—

Il nous semble nécessaire, avant d'entrer en matière et de partir à travers champs avec nos chiens,
de bien définir les intentions qui nous guident en
écrivant ce livre.

L'œuvre que nous entreprenons n'est pas sans
périls.

Il est difficile de ne pas se heurter, malgré la volonté absolue de ne blesser aucune conviction, à
des partis pris de dénigrement sans cause, et de ne
pas froisser, d'une façon certainement inconsciente,
de très honorables opinions.

Notre but n'est pas, nous le déclarons afin d'éviter toute controverse, de faire des prosélytes et de prêcher la réforme et la révolution devant les chenils. Nous sommes de ceux qui, par leurs actes, ont prouvé depuis longtemps tout leur désir de régénérer et de reconstituer les anciennes races françaises. Il nous a été facile, en mettant à profit l'expérience d'un père, d'un grand-père et celle d'autres amis, tous ardents chasseurs, qui nous avaient précédé dans cette voie, de nous apercevoir bien vite que nous nous appliquions à résoudre un problème insoluble.

Malgré les sages conseils nous dissuadant de le faire, nous avons voulu tenter quelques expériences. Ces essais étaient entourés pourtant des meilleures garanties. Les résultats obtenus ont été imparfaits, car nous avons vu apparaître, après trois générations de chiens braques, des chiens à poil dur dans la portée d'une lice qui avait tous les signes de la pureté du sang et fait naître, une autre fois, des chiens à poil ras, issus de trois générations d'épagneuls.

Ce qui nous réussissait si mal avec les chiens d'arrêt, nous l'avons tenté avec les chiens courants. On a pu voir, aux expositions, quels résultats nous avions obtenus. De notre côté, nous n'avons jamais cessé d'admirer ceux qui, comme MM. de Carayon-Latour, de la Besge, de la Débuterie, Laurence, de Chabot, obtiennent depuis longues années le maintien de nos races françaises, et d'autres veneurs qui, à leurs exemple en suivent pas à pas l'amélioration, avec une science profonde et une indomptable persévérance.

Malheureusement, en France, le chauvinisme se mêle à tout, et nous savons des gens qui préfèrent mal chasser, se priver de jouissances qu'ils envient, plutôt que de se rendre à l'évidence. Nous le répétons donc : nous ne voulons pas faire de conversions, nous ne sommes l'apôtre d'aucun système. Nous dirons simplement ce que nous avons vu, et notre volonté n'est pas plus d'attacher de poêle à la queue des chiens anglais pour leur faire faire tapage que de discuter les mérites des soi-disant chiens français avec ceux qui, à la place d'une poêle, leur attacheraient volontiers un drapeau tricolore...... et peut-être les deux..

Belair, 18 décembre 1878.

LES

CHIENS DE CHASSE A TIR.

———————

Les races de chiens anglais sont nombreuses. On pourrait dire qu'elles se subdivisent à l'infini.

Nous tâcherons, toutefois, de les classer avec méthode et de retracer leurs différents mérites, pour que chacun puisse s'approprier celle qui s'adapte le mieux à son genre de chasse et à la nature de sa contrée.

Car, en réalité, tout est là.

Le *choix des chiens* est pour nous chose ardue. C'est la science du chasseur. Ses déboires naissent bien souvent de la négligence qu'il apporte à cet acte primordial de l'entrée en chasse.

Les races anglaises appropriées à la chasse à tir se divisent, tout d'abord, en chiens à longs poils, dits *setters*, grands épagneuls d'arrêt, *spaniels*, petits épagneuls n'arrêtant pas, tels que *cockers spa-*

niels, spaniels clumbers, water spaniels, retrievers
et chiens à poil ras dits *pointers*. Cette dernière espèce est moins subdivisée que les races d'épagneuls.
Elle se compose uniquement des pointers de grande
taille et de moyenne hauteur classés, dans les expositions anglaises, selon leur poids.

Voici, du reste, un tableau exact des races anglaises servant à la chasse à tir :

Chiens d'arrêt.	Setters.	Setters Gordon ou écossais noirs et feu.
		Setters irlandais rouges, et blancs et rouges.
		Setters anglais de toutes couleurs, laveracks, etc.
	Pointers.	Pointers au-dessus de cinquante-cinq livres.
		Pointers au-dessous de cinquante-cinq livres.
Petits épagneuls choupille n'arrêtant pas et dressés ou non dressés au rapport.		Épagneuls d'eau irlandais.
		Épagneuls d'eau croisés.
		Épagneuls clumbers.
		Épagneuls cockers.
		Épagneuls Sussex.
Chiens dressés spéciale-ment pour le rapport.		Retrievers à poils plats et longs.
		Retrievers à poils frisés.

Ces derniers chiens sont employés comme auxiliaires des setters et pointers qui sont habitués à se coucher au coup de fusil et à ne pas courir après le
gibier. On en fait usage aussi pour chasser avec les
petits épagneuls, qui se divisent en chiens chassant
près du chasseur, *employés à toutes chasses* (ils sont

alors dressés au rapport), et en chiens dont les
fonctions se bornent à faire lever et à rabattre le gibier sur le chasseur (spaniels clumbers).

Ce sont ces différentes races que nous nous pro-
posons de décrire, d'étudier, en indiquant leurs
qualités spéciales et leur emploi selon les difficultés du pays de chasse. Les caractères généraux
sont, du reste, faciles à établir. Le pointer est, par
sa construction, son origine, le développement de
ses qualités, le chien de plaine et des pays chauds,
secs, où l'eau manque.

Le setter est moins résistant à la chaleur, mais
convient à tous les genres de chasse. Il supporte
facilement les rigueurs des pays les plus froids et
s'approprie facilement à la chasse des marais.

Les petits épagneuls ont leur emploi dans les fourrés, les ronciers, les haies épaisses, les sapinières et
endroits où les chiens d'arrêt ne peuvent pénétrer,
où ils sont hors de portée de la vue du chasseur et
ne peuvent alors rendre leurs habituels services.

Il ne faut pas, nous le savons, prétendre imposer
aux habitudes françaises une méthode rigoureuse
dans l'emploi des chiens. La majorité des chasseurs, du reste, se contente d'un seul compagnon,
et nous devons tout d'abord dissiper leurs doutes
au sujet du chien anglais qui, pour ceux qui ne l'ont
pas employé, passe pour être impossible à dresser
au rapport. Les setters et pointers se dressent à
merveille à cette spécialité. Toutefois les setters ont

généralement la dent plus douce et prennent plus facilement que les pointers ce mode de dressage.

Les Anglais pensent qu'il est impossible d'obtenir la sagesse *absolue* chez un chien d'arrêt si, à un moment donné, ce même chien doit courir après une pièce blessée, c'est-à-dire faire exactement le contraire de ce qu'on lui demandait quelques secondes auparavant. Pour suppléer à cette lacune, ils ont créé le retriever qui, sans cesse derrière les talons de son maître, ne part chercher la pièce tuée ou blessée que sur l'ordre qui lui en est donné.

Nous avons pourtant vu en Angleterre d'admirables chiens qui, dressés avec une patience et un tact parfaits, étaient absolument fermes dans leur arrêt, se couchaient après le coup le fusil et au signal du maître allaient chercher la pièce tuée ou, avec une sagesse et une prudence inhérente à leur race, retrouvaient au loin et rapportaient la pièce blessée. Mais que de temps et de persévérance pour arriver à de semblables résultats!

Lorsque nous décrirons le dressage de ces différentes races, nous initierons les chasseurs qui venlent bien nous suivre dans ces longs développements aux méthodes employées par les dresseurs anglais. Le campagnard, l'homme de chasse à tir par excellence, pourra, en suivant rigoureusement ces principes, arriver à la perfection, parce qu'il concentrera sur un seul chien toutes les forces de sa volonté et de son intelligence, et que chaque jour il ajoutera une parcelle à son œuvre. Mais les gardes chargés du dressage de plusieurs chiens ne sauraient jamais les amener à ce degré de finesse, qui rend alors la chasse à tir si pleine de jouissances inconnues pour celui qui la pratique avec des chiens médiocres ou mal dressés.

C'est bien là vraiment le chien qu'il faut en France, où jamais l'emploi du retriever, animal d'un dressage difficile, ne sera qu'exceptionnellement admis, si ce n'est par ceux qui chassent aussi souvent en battue qu'au chien d'arrêt; car, dans ces derniers cas, le retriever est un puisssant auxiliaire non seulement pendant la durée de la chasse, mais encore après et le lendemain même.

La chasse avec le concours des petits épagneuls est toute spéciale, fort productive, et nous la ferons connaître dans ses détails les plus minutieux, car elle est bien peu pratiquée en France où ces charmants petits animaux pourraient rendre de grands services dans les pays couverts de landes épineuses, coupés de cours d'eau et parsemés d'étangs. Le petit épagneul peut même au besoin remplacer le chien d'arrêt, lorsqu'il est dressé à ne pas s'écarter du tireur; et nous avons vu d'excellents chasseurs du pays de Galles et de Cornouailles ne se servir que de ces espèces de chiens avec le plus grand succès, et *en toute saison.*

Notre programme est donc de suivre la voie naturelle, c'est-à-dire d'examiner toutes les races de

1.

chiens servant à la chasse à tir, de décrire leur
dressage, de donner notre avis relatif à celles qui
conviennent le mieux en France, et le moyen de les
maintenir dans leur état de pureté primitif. Nous
voulons espérer que l'on nous suivra avec bienveil-
lance, dans l'accomplissement de cette tâche longue, sur un terrain parfois bien aride. Nous prions
le lecteur de ne pas considérer comme inutiles les
longueurs descriptives que nous serons forcé d'employer. L'élevage du chien, son dressage et sa reproduction, ont des bases certaines, connues, mais
formées de détails minutieux.

Nous n'oublierons pas les braves compagnons des
gardes anglais, bien souvent leur sauvegarde : ces
chiens de nuit, redoutables auxiliaires de la surveillance chez nos voisins, où ils empêchent chaque jour des meurtres prémédités de s'accomplir
et facilitent la répression de tant de délits qui res-
teraient le plus souvent ignorés.

LES SETTERS.

Si nous donnons la priorité d'examen et d'étude
à cette espèce, c'est qu'elle est la plus ancienne de
toutes celles qui existent actuellement en Angleterre.

Robley Dudley, duc de Northumberland, entre-
tenait en 1555 des setters destinés à la chasse au

filet, et il paraît, affirment les anciens auteurs anglais, qu'il est le premier qui ait cherché et obtenu l'*arrêt couché* de cette espèce. Le setter et l'épagneul ont les mêmes origines. Le fait est incontestable. Ils ne diffèrent que par la taille, mais la symétrie de leurs formes est la même. Nous avons souvent entendu un chasseur, qui, à l'âge de soixante-dix-huit ans, montait encore à cheval derrière sa meute et avait rempli sa longue existence de la pratique de tous les sports, sir Tatton Sykes, dire qu'il tenait de son grand-père que les setters étaient employés, dans sa famille, depuis plus de deux siècles, comme auxiliaires de la chasse au faucon. Depuis, l'introduction du nom du chien pur de Terre-Neuve, dont les qualités de nez sont puissantes et la faculté de suivre une piste merveilleuse, ont fait du setter une classe parmi les épagneuls, se divisant elle-même en nombreuses variétés, mais qui forment surtout deux familles bien distinctes : le setter anglais et le setter irlandais.

Le caractère du setter est favorable au dressage. Il est sage et son ardeur est tempérée par des qualités de soumission naturelles. Nous ne discutons pas ici la valeur du setter ou du pointer, mais il faut dire toutefois que le premier est supérieur au second par sa nature, à ce point de vue absolument spécial; il s'approprie aussi, mieux que le pointer, à tous les genres de chasse, et possède d'égales qualités de résistance à la fatigue. On l'emploie, pour cette raison, plus généralement que le pointer.

Le froid, la chaleur, lorsqu'il est en bonne condition de travail, n'ont pas d'influence sur lui. Nous étudierons d'une façon complète, avec le dressage des chiens, leur hygiène et les différentes méthodes employées pour les faire arriver à ce maximum d'*endurance*, que les Anglais nomment entraînement ou mise en condition. Nous avons bien souvent apprécié la différence de qualités du chien soumis à ce travail graduel qui l'amène au plus haut degré de ses forces physiques et celle du pauvre animal soumis sans préparations suffisantes à un dur exercice.

A notre avis, la condition de santé est équivalente à la moitié de la valeur réelle d'un chien.

Le setter est donc susceptible de supporter toutes les intempéries, car il a tous les caractères de la rude espèce des épagneuls dont, en résumé, *il n'est qu'un sujet amélioré*. Il est indiscutable que le setter de bonne race a toutes les qualités du nez du pointer, et qu'il devient aussi bon chien de marais et de rapport, qu'il est plus difficile d'obtenir ces spécialités du pointer.

Pour nous, le setter est l'épagneul *grandi* et devenu *chien couchant*. C'est l'avis des meilleurs éleveurs anglais, qui attribuent la création de ce type à une longue succession de croisements intelligents.

Ces croisements, basés sur la sélection, donnent,

du reste, les plus indiscutables résultats, et l'on ne saurait nier aujourd'hui que cette sélection des qualités morales et physiques, combinée dans une race pour lui faire obtenir l'apogée de ses qualités, ne mène au but lorsqu'on le poursuit avec une patience et une volonté inébranlables. L'éducation fait le reste, chez les animaux comme chez l'homme. Le chien qui, depuis des siècles, est soumis à la discipline, à une manœuvre sagement combinée, à des modes de dressage sans cesse améliorés, transmet à ses descendants la plus-value acquise par ses formes, son intelligence et son caractère.

Une expérience, que chacun a sous les yeux, est la preuve certaine que notre conviction est judicieuse, car nous voyons chaque jour des produits de bonnes races de chiens s'abâtardir à la seconde ou troisième génération, lorsqu'elles sont restées en des mains inhabiles ou indifférentes.

Quelle est la meilleure espèce des setters?

Il nous serait bien difficile de nous prononcer, et notre opinion est que celle qui donne le plus de chance de bons résultats est celle dont la pureté offre le plus de garanties.

Quelques races sont tombées en dégénérescence, et la cause en est dans l'indifférence de certaines classes de chasseurs de notre temps; car il faut dire qu'en Angleterre l'insouciance, qui est si reprochée aux Français, n'est pas rare à rencontrer.

This is the cause of the decay of that magnificent

species of dog, *the irish setter* : « C'est la cause de décadence de cette superbe espèce de setters rouges irlandais, » dit M. Laverack, l'un des plus célèbres éleveurs de setters d'Angleterre dans son livre sur cette race de chiens.

Mais examinons avec M. Laverack les différentes espèces de setters qui existent actuellement en Angleterre. Cette revue passée, nous dirons celles qui nous semblent, par leurs qualités spéciales, s'approprier le mieux aux exigences des chasseurs français.

Les setters de Naworth-Castle et de Featherstone-Castle sont une race ancienne, qui ont été et sont encore la propriété du comte de Carlisle, à Naworth-Castle Brampton Cumberland, et de lord Wallace, Featherstone Castle Cumberland.

Ces chiens sont blancs et marron, de taille au-dessous de la moyenne. Leur construction est un peu épaisse.

Leurs poils sont longs et soyeux, et un caractère très distinctif de leur espèce est une longue houppe placée au sommet de la tête et assez semblable, lorsqu'on la relève d'un coup de brosse, à celle que les clowns des cirques adaptent à leurs perruques. Leurs cuisses sont larges et puissantes, bien garnies de longs poils, ainsi que leur queue et leurs avant-bras. Ils sont d'un dressage facile et ont un excellent nez.

Il existe encore à Limond-Castle une célèbre es-

pèce, près de Carlisle. Ils sont blancs et marron
aussi, mais n'ont pas la houppe sur le sommet de
la tête. Ils sont plus légers dans leur structure, plus
vites dans leur quête. Leur arrêt est très près de
terre et leur donne l'attitude d'un chat qui guette
des oiseaux.

Les setters de lord Lovat sont aussi une célèbre espèce. Leur couleur est noir, blanc et feu. Ils
sont fort estimés en Écosse. Du reste, cette espèce
est du même sang que les setters Gordon, mais
jamais elle n'a été exposée publiquement. Une
race semblable, quant à la couleur, est celle du
comte de Soutnesk, en Forfarshire; mais leur taille
est très élevée, ils ont généralement 25 pouces de
hauteur à l'épaule. Ce sont d'excellents chiens,
d'une grande puissance, aux longues soies, mais
peut-être un peu trop enlevés.

Une des plus remarquables races de setters sont
ceux du comte de Seaffield, et c'est toujours en
Écosse, dans l'Invernesshire, que nous les rencontrons. Ils sont, comme les précédents, noirs, blancs
et feu. Nous pensons que leur toison, très fournie
et très longue, les rendrait impropres aux pays
plus chauds, et nous ne les avons jamais vu employer que dans le nord de l'Écosse. Leur nez est
excellent, mais leur structure les fait ressembler
à de très grands épagneuls. Leurs jambes paraissent courtes, relativement à la longueur de leur
corps.

Nous rencontrons aussi les setters blancs et orange du comte de Derby, près d'Invernes, de la même race que ceux de lord Anson.

Voici une espèce que nous estimons fort et dont nous avons possédé pendant longtemps de bien remarquables spécimens. Nous voulons parler des setters noirs du comte de Tankewille et de lord Ossulton. C'est certainement celle que nous estimons le plus parmi les précédentes. Faciles au dressage, très résistants, d'une admirable couleur noire à reflets bleus, ces excellents chiens ont toutes les facultés de chasse développées à un degré exceptionnel.

Du reste, ces chiens, fort appréciés, ont été soigneusement entretenus dans les chenils de l'aristocratie écossaise, et on les retrouve chez lord Hume et d'autres avec un peu de différence dans leur construction, mais en réalité provenant tous de la même souche. Il est malheureusement fort difficile de les obtenir de leurs propriétaires.

Leur construction est fort remarquable généralement, et compacte, bien qu'elle soit fort élégante. La tête est légère, les membres très musclés, les pieds bien faits. Leurs soies, bien que très fines, ne sont pas très longues et, ne les chargeant pas, leur permettent de chasser très aisément par les jours de chaleur. Nous nous souvenons que, pendant des jours orageux en août, où chassant les grouses sur les collines de bruyères de l'Invernesshire, nous admirions ces chiens ne donnant aucun signe de fatigue malgré l'extrême chaleur.

Une très ancienne espèce de setters est celle dont on rencontre encore quelques rares échantillons dans le pays de Galles : les *llanidloes* setters. Ils étaient fort estimés. Ces chiens, parfaitement purs, étaient complètement blancs. On rencontre aussi dans la même contrée et en Cornouailles des setters tout noirs qui, comme les blancs, étaient très appréciés pour la chasse dans les montagnes.

Telles sont les espèces de setters que l'on rencontre en Angleterre, chez les propriétaires plus ou moins jaloux de conserver leurs races sans mélange et s'appliquant à leur amélioration par des soins constants. Elles n'apparaissent que rarement aux expositions comme certaines races de pointers, et, pour cette raison, sont moins connues.

Il nous reste à parler des espèces qui sont les plus employées actuellement: les Laverack setters, les irish setters et les Gordon setters.

Les *Laverach setters* sont une des plus anciennes races de l'Écosse. Elle se trouvait primitivement chez le marquis de Breadalbane en Ferthshire et chez le duc d'Argyle. La couleur est variable. On trouve des chiens blancs et orange, noirs, mal teints bleus. Ces derniers, dit Blue Belton, sont les plus à la mode aujourd'hui. M. Laverack s'était emparé de cette espèce qu'il croisa avec d'autres et par une sélection bien entendue, une grande publicité donnée par les expositions et les essais publics de chiens, l'a fait classer parmi celles qui sont actuellement recherchées en Angleterre et ayant une grande valeur. Nous ne saurions douter un instant que la mode, bien plus que la réalité, est cause de cette plus-value. Nous estimons les Laverach setters de très bons chiens, mais ne dépassant, ni par leurs qualités de nez, ni par leur résistance à la fatigue, les autres races écossaises, et de plus il est fort difficile d'éviter la consanguinité dans leur reproduction. Il n'existe plus de *pur* Laverack setter.

M. Laverack le dit lui-même et en convient, avec une modestie bien rare chez un éleveur de sa compétence et de son savoir. (*The Setter*, page 20.)

Voici, du reste, d'après lui, les signes distinctifs de cette espèce :

La tête doit être longue et légère, non pas la tête de serpent ou lourde avec de grandes babines, mais avec suffisamment de lèvres. Les membres sont très musclés, la poitrine profonde, *large*, et les côtes bien développées derrière les épaules, les reins très forts, les épaules obliques, le coffre particulièrement court depuis les épaules jusqu'à la rencontre des cuisses. Un setter Laverack ne doit pas avoir les épaules droites, mais bien horizontales et larges. La queue doit être en ligne avec le rein, plutôt un peu plus basse, formant le cimeterre et avec beaucoup de *longs* poils à l'extrémité; les jambes, remarquablement courtes, très courtes du pied au jar-

ret et du genou au pied, qui sera compact et serré.
La courbe des cuisses sera bonne, bien placée près
du corps de l'animal, ni trop large ni écartée. »

M. Laverack prétend que la couleur bleue et blanche ou blanche et orange n'indique aucune différence d'espèce, et il ajoute que, s'il peut trouver
une supériorité à ses chiens, c'est dans leur excessive vigueur, leur quête extrêmement étendue et
leur résistance à la fatigue.

Pour nous, cette espèce a été la combinaison des
différents setters écossais, chez laquelle des soins
méticuleux, un élevage dirigé de main de maître,
avaient développé ce que les Anglais recherchent
surtout pour les chasses des collines montueuses de
l'Écosse, c'est-à-dire une grande quête à un galop
impétueux, servie par un odorat d'une extrême finesse. Il nous restera à étudier plus tard quelles
sont les contrées de France où cette race peut avoir
un emploi judicieux, et nous arriverons à l'examen
des deux espèces de setters les plus connues : les
setters Gordon et les setters d'Irlande.

LES SETTERS GORDON ET IRISH.

Nous venons d'esquisser à grands traits la physionomie des setters du nord de l'Angleterre et nous
aurions dû admettre dans cette classification les
setters Gordon, si cette race de chiens célèbres

n'exigeait de notre part une exposition spéciale de ses qualités.

Est-ce la reconnaissance qui nous guide? Est-ce le désir d'attirer plus spécialement l'attention du lecteur? Nous ne saurions le dire, mais nous avons l'esprit si plein du souvenir des services rendus que nous le prions de vouloir bien autoriser le développement de nos sympathies personnelles.

Aussi loin que notre mémoire nous reporte en arrière, il y a vingt ans environ, c'est aux environs d'Inverness, où nous avait attiré notre goût pour la pêche des saumons et de la truite, que nous avons vu les premiers setters Gordon de pure race. C'était un jour de vent de nord-est violent, peu favorable à la pêche, et, pour passer les heures d'inaction, nous avions été visiter un de nos amis, qui habitait une petite maison de chasse au milieu des bruyères. Lorsque j'arrivai, la porte était close, du moins le maître était absent, et son valet de chambre m'indiqua de la main la direction qu'il avait prise. Je suivis cette direction, et quelques détonations me guidèrent vers une sorte de colline rocailleuse semée de bruyères.

C'était vers le milieu d'avril. Le vent sec et froid soufflait avec fureur et courbait les arbres encore dépouillés de feuilles.

J'eus bien vite rejoint mon ami qui s'occupait, me dit-il, du dressage de ses jeunes chiens, qu'il me présenta. C'étaient deux chiens de grande taille.

Leurs formes étaient encore un peu empâtées et mal définies. Mais leur tête expressive, leur nez extrêmement développé, leur riche couleur noire et feu mélangée d'un peu de bleu, me causèrent tout d'abord un sentiment de curiosité qui se transforma promptement en admiration. Souples, quêtant avec sagesse dans les endroits fourrés, développant leurs grandes allures sur le pays ouvert, ils demeuraient aussi immobiles que les rochers qui les entouraient, la tête haute, l'œil brillant, et sur un signe s'avançaient graduellement sur la piste du grouse qui partait à longue distance. Je fus vivement frappé de la structure toute spéciale de ces chiens et de leur facilité à modifier leur allure selon la nature du terrain qu'ils avaient à parcourir.

Quelques semaines plus tard, *Grouse* et *Sancho*, c'étaient leurs noms, me furent cédés gracieusement, et je les ramenai en France où ils furent immédiatement appréciés à leur juste valeur. Je vis, l'année suivante, des chiens achetés à Londres, de même couleur, étiquetés setters Gordon, entre les mains de plusieurs de mes amis. Mais quelle différence! Lourds, trapus, la tête peu développée, ces animaux ne ressemblaient en rien à ceux que je possédais, et il me fut facile de comprendre qu'ils n'appartenaient pas à la même famille, s'ils appartenaient à la même race.

C'est là, je crois, l'explication que nous devons donner à bien des déboires, causés par les chiens anglais. Il ne suffit pas qu'un chien soit affublé d'un nom difficile à prononcer, ait traversé la Manche et soit classé par l'expéditeur, souvent de bonne foi, comme appartenant à telle ou telle race, pour que l'animal expédié ait toutes les qualités que l'on attend. Nous avons vu quelle diversité d'espèces de setters, différant par la couleur, la taille, l'Écosse renferme, et nous avons acquis à nos dépens l'expérience qui nous permet d'affirmer qu'il faut dans le choix, en Angleterre, d'un chien de n'importe quelle race, s'attacher surtout à la généalogie de l'animal et, s'il est possible, avoir vu à l'œuvre l'étalon et la lice qui l'ont produit.

Nous reviendrons, du reste, sur ce sujet en étudiant le choix à faire parmi les chiens anglais.

Les setters Gordon sont fort estimés par nos voisins. Après avoir parlé des chiens qui portent son nom, M. Laverack, avant de parler des Gordon setters dit : *I now come to this fashionable and favourite breed.*

Cette race, originaire d'Écosse, a été créée par le duc de Gordon et sans cesse améliorée par les soins d'éminents sportsmen tels que le major Douglas, lord Fanmure. Moins vite dans les allures, elle s'approprie mieux qu'aucune autre à la chasse française qui se développe dans la même journée sur des terrains si différents. Beaucoup d'Anglais préfèrent les galops impétueux à toute vitesse des laveracks et autres chiens. En ce qui nous concerne, nous estimons les Gordon setters comme ceux qui peuvent donner en France les meilleurs résultats. Nous en voyons chaque jour, dressés par des mains aussi peu patientes que peu habiles, et qui font la joie de ceux qui les possèdent. Leur intelligence est égale à celle de toutes les autres grandes espèces, si elle ne la surpasse pas. Leur sagesse native devient une prudence méthodique sous la main du dresseur. Le rapport leur est familier, et, dès leur plus jeune âge, ils donnent au maître l'objet qui leur est jeté. A peine peuvent-ils sortir dans les champs qu'ils arrêtent, et nous avons souvent vu des petits setters Gordon, à peine sevrés, arrêter fermement des pigeons ou des poules de la basse-cour.

Leurs soies sont généralement moins longues et moins fines que celles des autres espèces de setters : elles sont surtout développées aux membres, à la queue, aux oreilles, et très particulièrement moins longues sur le corps. C'est là, pour nous, une des deux causes qui leur permettent de mieux résister à la chaleur qu'aucune autre espèce. L'autre est leur quête moins vive, plus prudente. Il y a deux ans, nous faisions l'ouverture en Beauce par un temps brûlant, la terre sèche, pas une goutte d'eau. La plupart des chiens suivaient mélancoliquement leur leur maître, et notre chien ne cessa pas de la journée de travailler devant nous avec une précision mathématique et sans donner aucun indice de fatigue. Est-ce là une preuve? Le lecteur l'acceptera avec nous.

La couleur des setters Gordon est fixée. Elle est noire et feu vif à la tête, aux pattes et à la poitrine. Nous avons souvent entendu douter de la pureté de race d'un chien de cette espèce parce qu'il avait du blanc dans le poil. C'est là une erreur absolue. Les ducs de Gordon ont souvent modifié la couleur de la race qui porte leur nom, et elle existe tricolore, c'est-à-dire avec autant de blanc que de noir et de feu, au château de Gordon. Il nous serait facile de citer des setters Gordon qui se sont illustrés aux expositions et aux essais de chiens (*field trials*) qui avaient les trois couleurs.

Que l'on veuille bien se souvenir que toutes ces races écossaises ont été formées par les soins de grands seigneurs qui leur donnaient, par la sélection dans les portées, les qualités et la couleur qu'ils jugeaient les plus convenables à leur contrée et à leur tempérament. Il est impossible de remonter à la date exacte de leur formation. Pour nous, nous cherchons à éliminer la couleur blanche, autant qu'il nous est possible, parmi les chiens de cette espèce que nous possédons. Est-ce avec raison? Peut-être suivons-nous plutôt là un goût qu'une idée juste; car, pour la France, les chiens de couleur sombre sont moins facilement aperçus au bois. Mais leur noir est si brillant, si *bleu,* que nous n'avons pas encore trouvé d'inconvénient réel à rechercher celte superbe race pour nos auxiliaires favoris ; mais, malgré nos livres, le blanc reparaît le plus souvent comme pour imprimer son cachet d'origine pure.

Certains éleveurs anglais ont donné aux lices Gordon des setters rouges d'Irlande afin d'augmenter leur vitesse et leur quête dans les grandes allures, ce qui fait que certains chiens de cette race sembleraient démentir par les faits ce que nous avons écrit au sujet de leur quête sage et prudente. Il faut donc s'assurer, en devenant acquéreur d'un chien de cette espèce, de l'authenticité de son acte de naissance et des croisements antérieurs qui l'ont produit.

Nous ne saurions trop insister sur la valeur de cette espèce et trop attirer l'attention des chasseurs nos compatriotes sur ses qualités qui s'adaptent en tous points à la diversité des chasses et à leurs exigences. Je le répète : qualités de nez égales à celles de tous les autres setters, résistance à la chaleur presque égale à celle des pointers, quête facilement modérée selon la nature des terrains où ils chassent, aussi bons chiens de bois que chiens de plaine et de marais, nageurs intrépides, faciles au dressage du rapport du gibier, dont ils suivent avec prudence la piste, lorsqu'il est blessé, dans tous ses détours et toutes ses ruses, ayant la dent généralement douce : tels sont les éléments qui constituent le SETTER GORDON DE PURE RACE.

Nous voici arrivés à l'examen de cette ancienne

espèce de chiens que l'on nomme le setter rouge d'Irlande. Nous laissons parler le célèbre éleveur, M. Laverack, et nous ferons suivre ses appréciations des nôtres :

« L'opinion est générale sur les mérites de l'irish setter. Quand il est pur et bien dressé, c'est un admirable et excellent chien, possédant de grandes puissances de résistance à la fatigue et de vitesse.

« J'estime à une si haute valeur le sang pur que j'ai visité l'Irlande quatre fois dans le but d'acquérir des chiens de race authentique pour les croiser avec mes setters Blue Belton.

« J'ai le grand regret de dire que, malgré mes efforts et mes peines, j'ai trouvé que cette magnifique race est dégénérée et que la négligence des Irlandais en est seule la cause. »

M. Laverack passe en revue tous les chenils où ont existé les setters rouges et donne pour *type de race* le chien « long de tête, particulièrement près de terre, très oblique dans ses épaules, avec la poitrine large et profonde, remarquablement large derrière ses épaules et très court dans son arrière-main et ses jambes avec une immense profusion de soies et une *teinte de noir à l'extrémité des oreilles.* »

« C'est l'opinion, ajoute M. Laverack, des éleveurs les plus connus que le setter d'Irlande doit avoir les soies rouges et le nez de la couleur de l'acajou, » et il insiste pour que la *teinte de noir dans le poil* soit un des indices de la pureté de sang.

Une autre espèce de setters d'Irlande est celle
qui réunit la couleur blanche à la couleur rouge,
et il est fort accrédité dans le pays même et chez les
plus anciens chasseurs qu'elle est beaucoup plus ancienne que celle qui est entièrement rouge. Il est
toutefois hors de doute que les deux espèces ont la
même origine.

D'un dressage difficile, d'un caractère violent
qu'un dressage vigoureux ne peut souvent soumettre, le setter irlandais n'est que fort rarement un
très bon chien et supporte difficilement la chaleur.
A l'appui de cette opinion personnelle, nous pourrions citer bien des exemples et relater les doléan-
ces de bien des chasseurs avec qui nous entretenons
une longue correspondance. Je ne saurais toutefois
condamner entièrement le choix du setter d'Irlande.
Lorsqu'il est complètement dressé, il devient un
chien de marais remarquable. Il est, au premier
degré, le chien de chasse pour la sauvagine. Mais
que de soins et d'efforts pour l'amener à la sagesse!
Il résiste mal à la chaleur, et nous lisions dernièrement le récit des chasses d'un chasseur du nord de
la France fort épris de cette espèce de setters, mais
qui avoue que, pour jouir de la qualité de ses chiens
de plaine, il était forcé d'emporter un litre d'eau
dans son carnier et d'attacher un petit gobelet à sa
ceinture pour offrir toutes les heures ce salutaire
rafraîchissement à son compagnon.

Nous insistons toutefois sur le choix du setter

d'Irlande *aussi pur* que l'on pourra se le procurer pour la chasse de la bécassine, et généralement de tous les oiseaux d'eau. C'est bien sa spécialité, car je pense que mes confrères en chasse sont peu disposés à accréditer une vivandière auprès de leurs chiens d'arrêt.

Parlerons-nous du setter russe?... Nous mentionnerons simplement son espèce, pour ne rien oublier dans cette aride nomenclature. C'est un chien blanc, ou orange et blanc, ou marron et bleu, ou noir et blanc, d'un dressage très difficile, d'un caractère méchant et obstiné, que prisait fort le prince Albert, qui possédait de beaux spécimens de cette race dont la reproduction est aussi abandonnée en France qu'en Angleterre.

Au chasseur des champs fermés et des pays boisés, aussi bien que des plaines, nous dirons que le setter Gordon est le chien qui lui convient sous tous rapports; qu'il lui donnera toutes les jouissances qu'il doit attendre de son compagnon; que, si sa quête n'est pas poussée à fond de train comme celle des Laverack setters et des setters d'Irlande, il aura un animal qui s'adaptera à toutes les chasses et se soumettra facilement à toutes ses volontés; que c'est bien là le chien du chasseur qui ne peut entretenir qu'un ou deux chiens pour ses plaisirs.

A ceux qui peuvent peupler leurs chenils de chiens de différentes races, je conseillerai d'essayer la spécialité du chien d'Irlande pour le marais et du setter Laverack, s'ils aiment les quêtes très étendues, la vitesse excessive servie par des qualités de nez de premier ordre. Mais il y a un choix méticuleux à faire, et l'on doit s'entourer de toutes les garanties pour ne pas courir à un désappointement trop certain.

Si nous donnons ici un conseil qui ne sera malheureusement pas toujours suivi, c'est pour répondre à l'avance aux appréciations qui seront faites par celui qui achètera au hasard et pourrait nous rendre en partie responsable de ses déboires.

Le choix des setters, j'insiste sur ce point, doit être basé sur la nature de la contrée que l'on bat habituellement. Dans les pays très ouverts, les chiens à grande quête sont précieux, surtout si le gibier est rare. Dans les pays couverts, boisés, les setters de nature facile et de quête restreinte selon la volonté du chasseur sont ceux qu'il faut choisir. Enfin, pour le chasseur au marais, une espèce prime les autres par sa résistance à toutes les intempéries et ses facultés spéciales : c'est la race irlandaise. Que l'on soit bien persuadé que toutes ces races émanent d'une même souche, mais qu'elles ont été améliorées par des soins constants en vue d'une spécialité nécessitée par les terrains où elles devaient développer leurs qualités. Il ne faut donc pas aller à l'aventure en introduisant une race de chiens dans le chenil où elle doit se reproduire. La nature des terrains doit être aussi prise en considération, car

le pied des setters est fait pour résister aux courses
sur les terrains rocailleux, étant préservé par les
poils qui le garnissent.

Il est hors de doute que ces espèces, introduites
en France, acclimatées et successivement appropriées à nos besoins, soumises à nos modes de
chasse, seraient, après deux ou trois générations,
ce que le chasseur français désire. Nos modes de
chasse ne ressemblent en rien à ceux employés en
Angleterre, où certaines qualités sont sans cesse
développées aux dépens d'autres qui sont peu ap-
préciées. Nous étudierons plus tard l'art du croisement, de l'élevage et du dressage, que nos voisins
ont porté à son apogée, et de ces méthodes il res-
sortira, je l'espère, d'utiles enseignements.

LES POINTERS.

Si les setters ont une origne à peu près certaine,
s'il est possible de remonter dans le passé jusqu'à
la formation de leur race, la difficulté est grande
pour arriver au même résultat en ce qui concerne
la classification des espèces de pointers.

Pour nous, après maintes recherches personnelles, après avoir entendu les éleveurs les plus érudits
d'Angleterre discuter sur cette matière, il ne reste
en résumé dans notre esprit que probabilités et incertitudes. Le goût de chacun s'est livré carrière.

Les couleurs, la taille, sont diverses. Pointers blancs
et orange, blancs et marron, blancs et noirs, noirs
et feu, tricolores, bleus, toutes les nuances ont été
adoptées par la fantaisie de l'éleveur, et elle ne
peut aujourd'hui nous guider que dans la désigna-
tion de certaines espèces plus ou moins améliorées,
mais dont il est impossible d'indiquer la formation
première.

Le pointer n'est autre chose qu'un braque, et les
croisements les plus étranges, les plus inattendus ont
produit les variétés qui existent actuellement.

Le braque *espagnol*, avec son excessive puissance
de facultés olfactives, a été l'un des premiers éléments que les Anglais ont introduits chez eux. Ils
ont corrigé ses formes épaisses, sa structure si contraire au développement de la vitesse par l'intrusion
du sang du fox-hound, chien courant formé lui-
même d'une façon artificielle que nous décrirons
plus tard.

Ce mélange, formé de deux éléments étrangers,
a donné au braque espagnol la vitesse, le fond, une
grande force de résistance, de la taille, et ces grandes allures si recherchées de nos voisins. Un des
premiers produits de cette union a été le chien
Dash que son maître, le colonel Thornton, vendit
à sir Richard Symond's pour 4,160 francs, une bar-
rique de vin de Bordeaux, un bon fusil et un chien
braque. Ce fameux marché établissait qu'en cas
d'accident *Dash* reviendrait à son premier maître

qui le paierait 1,250 francs. *Dash*, s'étant cassé la
jambe, revint dans le chenil du colonel Thornton,
où il servit longtemps d'étalon, et des lignées célèbres de pointers remontent à ce chien de haute
réputation.

C'est vers la fin seulement du siècle dernier que
les Anglais ont commencé à former cette espèce de
braques nommés pointers. Il est certain que depuis
cette époque l'intrusion de nos races françaises,
soigneusement épurées, a servi de correctif à des
défauts que les rejetons du chien espagnol et du
fox-hound montraient à mesure qu'ils s'éloignaient
du type primitif obtenu.

Il est donc hors de doute que le pointer actuel
est le résultat de très judicieux croisements. Certains éleveurs indiquent le croisement du chien courant et de l'épagneul comme la souche première de
tous les braques existant au monde, et cela paraît
certain si l'on examine les éléments qui ont produit
les différentes races de chiens existant aujourd'hui.
Il est aussi incontestable que le sang de l'épagneul
amélioré, du setter, a été mélangé à celui du braque
espagnol et du fox-hound de façon à lui donner certaines qualités inhérentes à cette espèce.

Les pointers sont d'un développement plus précoce que les setters. Dès leur plus bas âge ils mon-
trent leurs aptitudes. Il est à remarquer que le croisement du setter et du pointer développe au plus
degré la pose couchée et rampante, et il est facile,

à première vue, pour l'éleveur, d'indiquer les origines du chien anglais qui chasse, selon son mode d'arrêt ou de quête. Si ce mélange produit souvent des chiens de rare mérite prenant à chaque espèce ses qualités, il arrive aussi que les résultats sont détestables. Dans une même portée de ces métis, des sujets excellents et d'autres fort médiocres peuvent se rencontrer. Ce n'est donc qu'au point de vue de l'amélioration d'une espèce de braques, et pour développer chez elle la qualité qui manque, que l'on peut infuser un certain degré de sang de setter. Il faut pouvoir suivre pendant de longues années les résultats acquis pour se permettre ces tentatives, sinon l'on risque de détruire les deux éléments que l'on possède, au lieu de les améliorer.

Nous insistons sur ce point, parce qu'il est la clef de l'entretien des races. Il ne faut pas rechercher chez nous les espèces acquises autrefois par nos pères, mais il serait facile de reconstituer nos races françaises bien spéciales, bien adaptées à notre pays et à nos besoins, si chacun prenait soin de poursuivre la même idée et visait le même but. Malheureusement, chez nous, bien des chasseurs ignorent l'A B C de la science du croisement, et la chose est aussi vraie pour toutes les espèces domestiques. Le produit de la carpe et du lapin, qui n'est qu'une image, après tout, a dû bien tenter de nos fantaisistes; car il n'est pas rare d'entendre faire à une question sur le but que se propose un éleveur, la réponse suivante : *Je veux voir ce que cela fera.*

Si certaines personnalités peuvent, par leur fortune, leur mode d'existence, disposer des moyens nécessaires à l'amélioration des races, cette faculté n'est pas donnée à tout le monde, et il faut donc que le *tout le monde* qui est la majorité puisse faire un choix s'il préfère aux setters les chiens à poil ras.

Mon embarras est grand pour indiquer le choix à faire.

Les Anglais ont divisé leurs races de pointers en chiens pesant 55 livres et au-dessus, et en chiens de 50 livres jusqu'à 55, c'est-à-dire en chiens de moyenne ou de grande taille.

A notre avis, le chien trop grand est encombrant, plus bruyant dans les champs ou les taillis. Cela est encore affaire de goût.

Les pointers en bonne condition de travail sont les chiens les plus résistants à la chaleur; mais, si quelques-uns deviennent, sous l'empire de l'éducation, de bons chiens de bois, voire même d'eau, il ne faut pas se dissimuler que ces résultats sont en dehors de leurs aptitudes naturelles.

Le setter est le chien de toutes saisons et de tous terrains.

Le pointer est le chien spécial de l'été et de l'automne. Ses variétés, je l'ai dit, sont infinies, et la palette du peintre peut noter les tons les plus extravagants sans qu'on puisse affirmer que le pointer qu'il représente n'a pas existé.

Les chiens blancs et orange et blancs et marron sont les plus répandus. Est-ce à dire que ce sont les meilleurs? Ce sont, en tout cas, ceux qui se trouvent généralement dans les chenils très peuplés des éleveurs actuels en Angleterre, et il est certain pour nous que nos races françaises de braques ont dûment contribué, depuis une quarantaine d'années, aux résultats actuels. Il suffit d'examiner les pointers de grande taille aux expositions anglaises pour reconnaître les éléments de types aujourd'hui perdus pour nous et très distincts de l'ancien type du pointer.

Qui n'a vu importé d'Angleterre ce grand chien marron et blanc à tête un peu effilée, à oreilles longues et tombantes? N'est-ce pas bien là nos anciens braques? Impossible de les méconnaître, et pourquoi ne pas vouloir les reprendre là où ils se trouvent et faire de ce choix une question de nationalité? Un homme qui aurait perdu sa fortune en France et la retrouverait augmentée en Angleterre par des mains habiles, hésiterait-il à la reprendre? Pour nous, chasseurs à tir, le bon chien n'est-il pas notre fortune, et faudrait-il renier toutes les races d'animaux qui ne sont pas toujours restées entre nos mains? Nos espèces de chevaux, de chiens, ne remontaient-elles pas elles-mêmes à des races étrangères? Les Anglais boivent nos vins, et nos meilleurs, et prennent de par le monde entier

ce qui est supérieur à la production de leur climat.
Ce qu'ils peuvent y introduire par l'acclimatation
et y améliorer par des soins constants est une tâche
sans cesse accomplie. Pourquoi ne pas suivre cet
exemple et reprendre chez eux ce que nous avons
laissé perdre?

Je ne partage pas l'avis d'éminents écrivains et
de grands chasseurs qui estiment que les races anglaises ne peuvent convenir à la majorité des chasseurs français, et je crois leur erreur aussi grande
que développée de bonne foi.

Ils ont pourtant sous les yeux tous les jours un
exemple de ce que peut l'acclimatation d'une race
étrangère dans une contrée nouvelle et les résultats
que donne une éducation spéciale pendant deux ou
trois générations seulement.

Il fut un temps, il y a vingt ans environ, où l'on
fit grand tapage autour d'une race de chiens qui furent baptisés de suite « braques de Saint-Germain ».
C'étaient des *pointers* blancs et orange importés directement d'Angleterre vers 1820 par M. de Girardin,
premier veneur du roi. Ces chiens firent souche
d'espèce et furent bientôt classés, de par notre facilité à étiqueter de notre marque française, braques
Saint-Germain. L'espèce pure, suivie, améliorée
dans un chenil, existe-t-elle? Nous ne pouvons l'affirmer, et nous en doutons. Ce que nous avons vu
produire aux expositions comme chiens dits braques Saint-Germain s'éloigne du type primitif. Mais

nous avons connu des descendants directs des chiens importés qui, entre les mains des gardes pendant vingt-cinq à trente ans, étaient devenus souples, faciles, chassant au bois près du fusil, enfin le *desideratum* par excellence des chasseurs français.

Et le pointer blanc et orange importé par M. de Girardin était-il une race spéciale? Non, mille fois non, il n'y a pas de races spéciales de pointers, mais des espèces de différentes couleurs.

Nous avons bien des fois expérimenté la chose, et le résultat a toujours été le même. Le chien de *bonne race* pointer anglais, dressé selon la méthode française, est l'équivalent absolu du braque français après deux générations au plus et souvent dès la première, *si l'on a eu soin de choisir son élève parmi les espèces qui s'éloignent le plus de sang du fox-hound.*

Là est l'importance réelle des *pedigrees*, c'est-à-dire d'une généalogie authentique où est fidèlement relatée la succession des ascendants du sujet. Nous voyons chaque jour des pointers parfaitement purs chasser avec une extrême sagesse, et il est hors de doute que l'entretien de ces races introduites ne dépend que de croisements judicieusement choisis et d'une suite raisonnée dans le choix des lices et des étalons.

Nous avons soumis un jour à des incrédules ou sceptiques de parti pris des pointers de pure origine anglaise qui, par leur quête sage, leur apparence,

étaient l'exacte reproduction de nos anciens braques
blancs et marron, chiens de premier ordre ayant
acquis simplement sous l'intelligente direction de
nos voisins une façon de chasser plus brillante et
des qualités de nez supérieures. A côté de ces animaux, nous leur présentions un chien et une chienne
de race dite Dupuy, et l'examen de ces animaux
n'amena pour les examinateurs qu'un résultat absolument contraire à leur affirmation, *puisqu'ils dé-
signèrent les trois chiens anglais et les deux chiens
français comme appartenant à une même espèce.*

Il nous serait facile de citer vingt noms de chasseurs expérimentés qui emploient aujourd'hui et
entretiennent des braques anglais de race pure,
parce qu'ils trouvent en eux toutes les qualités qu'ils
ne rencontraient plus dans nos espèces abâtardies.

A côté de ces pointers, qui sont presque le *fac-
simile* de nos anciens braques, nous trouvons la
primitive espèce de chiens anglais à grosse tête carrée, aux yeux à fleur de tête, un peu sortis, aux
formes distinguées, au jarret et aux léviers puissants, rappelant l'espèce des chiens de Saint-Germain qui existaient il y a trente ans. Nous citerons
les chiens bleus du pays de Galles et les pointers
noirs et feu d'Écosse comme de qualité supérieure.
Rien n'égale la finesse de nez de ces admirables
chiens, leur vigueur, leur quête à grande vitesse
interrompue par des arrêts foudroyants. C'est bien
là l'animal créé pour découvrir le gibier à grande

distance, sans imposer au chasseur des fatigues de marche excessives. *Dressés en Angleterre*, ces animaux ne conviennent guère qu'aux champs clos de Bretagne, de Vendée, d'Anjou, limités par des haies. Pour les utiliser dans les grandes plaines ou au bois, il faut une grande habitude du maniement de ces animaux et connaître leur éducation basée sur des principes tout spéciaux.

C'est ce défaut de connaissance qui a certainement accrédité une opinion défavorable aux chiens anglais en général. Je le répète, le chien dressé en Angleterre ne peut être mené facilement dans les terrains illimités que par un chasseur ayant une parfaite connaissance de leur dressage pour obtenir le maximum de leurs qualités. Ils peuvent, au contraire, devenir d'excellents auxiliaires pour les chasseurs de l'ouest de la France.

Il est un autre point de dressage complètement différent de nos habitudes. Le pointer ou le setter qui rapporte le gibier tué ou blessé est l'exception en Angleterre, où le tireur est servi généralement par un chien spécial de rapport : le retriever. J'ai déjà dit que ce mode de chasse était peu praticable en France, mais il est certain qu'il est presque impossible d'obtenir d'un chien qui doit rapporter et arrêter l'obéissance passive, l'abandon de toute volonté et de presque toute initiative que les Anglais demandent à leurs chiens.

Nous voyons chaque jour des setters et des pointers dressés au rapport, et si les premiers prennent presque naturellement ce dressage, nous avons peu rencontré d'exemples parmi les seconds qui lui soient complètement réfractaires. Les setters ont très généralement et naturellement la dent douce. Nous dirons plus tard de quelle façon les dresseurs anglais agissent pour modérer dans les leçons de rapport les contractions brutales des mâchoires de leurs élèves.

Voilà donc quels sont les pointers existant actuellement. Il nous semble que nous réfutons nettement les accusations portées contre les chiens anglais, *en établissant qu'une des espèces les plus recherchées encore actuellement, les braques Saint-Germain, ne sont autres que des chiens anglais importés en France par le premier veneur du roi Charles X.*

Nous ne saurions trop insister sur cet argument indiscutable, parce qu'il est en même temps la preuve éclatante de ce que peut l'éducation sur une race importée dans le but de l'approprier aux habitudes d'un pays.

Pourquoi les setters et les pointers actuels ne s'adapteraient-ils pas aussi bien que les pointers de 1820 à nos chasses et à nos habitudes?

Pourquoi l'éducation aurait-elle moins d'influence sur leur nature et leur intelligence?

N'est-il pas cent fois démontré que plus les animaux sont dirigés par l'intelligence de l'homme vers un but, plus ils s'assimilent et plus ils transmettent à leurs produits le développement des facultés recherchées par leur maître?

Ne voit-on pas déjà chaque jour dans le nord et l'ouest de la France, là où les Anglais ont importé de leurs espèces de chiens, les remarquables produits qui existent entre les mains de nos chasseurs de province qui pourtant n'ont fait que les croiser avec leurs espèces plus ou moins abâtardies par la consanguinité?

Le chasseur français, nous l'affirmons, peut trouver en Angleterre le braque Saint-Germain blanc et orange *pur*, qu'il ne trouvera plus guère en France, sous la dénomination de pointer blanc et orange. Il y trouvera les autres espèces que j'ai citées, et principalement les chiens blancs et marron. Toute famille a ses exceptions. Ce sont les chiens noirs et feu et les chiens bleus parmi les espèces nombreuses de pointers qui sont actuellement les plus rares. Les chiens de cette couleur sont grands, puissants et de qualités de chasse remarquablement supérieures, mais ils commencent à disparaître et ne se trouvent guère plus qu'en Écosse et dans le fond de la Cornouaille ou du pays de Galles.

Nous terminerons cette appréciation de la race des pointers en les classant comme beauté et mérites au second plan. Pour nous, le setter de grande race est le premier chien d'arrêt qui existe au monde, parce qu'il s'adapte à tous les genres de chasse, qu'il a la vigueur des membres, la finesse du nez, et dans

l'espèce du gordon une résistance presque égale à
celle du pointer par la chaleur.

Les origines primordiales des chiens offrent un
vaste champ aux suppositions, et chacun est libre
de donner carrière aux siennes. Il est toutefois évident qu'il est inhérent à la nature du chien de suivre
une piste au moyen de son odorat, et que l'arrêt n'est
qu'une qualité factice développée par le dressage
chez de nombreuses générations. Nous avons vu des
chiens de berger dressés à l'arrêt, et des bassets arrêter les lapins.

Tel a été le commencement de toutes ces espèces
diverses. Nous connaissons aujourd'hui leurs différents degrés de perfection, et il est hors de doute
que, puisque l'homme a créé le chien d'arrêt, il peut
modifier et approprier à ses besoins, par le dressage
et les croisements, telle race anglaise qu'il lui plaira
d'introduire dans son chenil, s'il ne le trouve pas
suffisamment façonné à ses exigences.

Pour nous, le problème est résolu ; notre conviction est faite. Nous pensons que de la discussion
et de l'étude ne peuvent naître que d'intéressantes
expériences, et c'est la raison qui nous a fait développer si longuement le résultat des nôtres, avec
l'espoir d'être utile à ceux qui hésitent et ne savent
sur quelles raisons appuyer le choix qu'ils veulent
tenter parmi les chiens anglais après tous les dégoûts

dont les ont abreuvés les races abâtardies que notre
négligence a laissé perdre. Un chasseur d'Irlande
nous écrivait, il y a peu de temps, que l'état de
révolte de son pays contre l'Angleterre avait été une
des causes de la dégénérescence de ses races de
chiens. Ne faut-il pas trouver dans les temps trou-
blés que nous traversons la cause de la dégénérescence des nôtres?

Les grandes perturbations politiques sont peu
favorables à ces œuvres patientes, suivies avec
amour. Les guerres d'Irlande avaient dispersé les
chiens qui, sortis des mains de leurs anciens propriétaires, furent croisés à l'aventure. Depuis, bien
des éleveurs irlandais, des chasseurs de premier
ordre, cherchent à reconstituer l'ancienne race par
la sélection, l'éducation et des accouplements judicieux. Ils façonnent à leur contrée humide, sans
cesse battue par les pluies et couverte par les bru-
mes de l'Océan, ces chiens de marais, qui deviennent et sont supérieurs aux autres, *parce que toutes
leurs facultés sont dirigées vers cette spécialité.* Si la
tranquillité n'était pas troublée en Irlande, il est hors
de doute que, dans trente ou quarante ans, les descendants des setters rouges ou blancs et rouges
actuels auraient reconquis leur ancienne réputation
et seraient une espèce fixée sans crainte de retour
au sang impur.

Nos races françaises, dispersées par la révolution,
sont depuis près d'un siècle soumises à des croise-

ments sans raison, que la facilité des communications a multipliés. Avec l'aristocratie territoriale, les braques, épagneuls, soigneusement entretenus au chenil du château, devinrent la propriété du premier venu. Ils s'en allèrent errants à travers la campagne, comme les loups et les renards. Ils se reproduisirent entre eux. Grands braques, beaux épagneuls, chiens courants, chiens de berger, tout ce monde d'aventuriers de la race canine forma un amalgame où il fut impossible de retrouver le fil conducteur dans un dédale impraticable.

Les apaisements survenus, la chasse devenue un droit pour tous, chacun voulut chasser. On chercha des chiens et l'on prit ce que l'on trouva. Les uns eurent la main heureuse; d'autres, absolument ignorants des qualités voulues, perpétuèrent la reproduction d'individus bâtards. Ce fut une confusion inextricable.

N'avons-nous pas vu cent fois un chien représentant à peu près le chien d'arrêt poursuivre, avec une gorge de chien courant, le lièvre blessé ou manqué par son maître? N'était-il pas facile de retrouver dans cet animal le mélange d'une de nos races de Saintonge ou de Vendée, briquet ou chien d'ordre avec le chien d'arrêt de l'ancien temps?

Où sont actuellement les traces *authentiques* d'une famille de braques ou d'épagneuls français? Quel est le chasseur qui peut affirmer qu'il tient en ses mains un pur rejeton des races formées pendant le siècle dernier? Quel est celui qui affirmera que ses chiens sont bien étrangers à tout croisement de race étrangère?

Nous serions heureux de nous tromper, mais malheureusement jusqu'ici nos recherches ont été vaines, et nous n'avons retrouvé nos races françaises qu'en image dans les galeries de Versailles.

Il faut aujourd'hui faire en France ce que les Irlandais font pour leurs chiens. Nous devons reprendre où ils sont nos chiens d'autrefois, et les reproduire chez nous d'une façon intelligente et suivie. Il nous faut ce *kennel stud-book*, c'est-à-dire ce registre où sont insérées d'une façon authentique les naissances de chiens de pure race, comme sont insérées les naissances de nos chevaux de pur sang, devenus presque aussi célèbres que les chevaux anglais en moins d'un demi-siècle. Ne nous a-t-il pas fallu aller chercher en Angleterre aussi la reconstitution de nos races chevalines, et n'en voyons-nous pas chaque jour les prodigieux et heureux résultats?

Choisissons donc, selon nos goûts ou nos besoins, le pointer noir et feu ou bleu d'Écosse ou de Cornouailles, à tête carrée, au nez développé, à l'oreille fine et courte, *à la robe soyeuse laissant voir la chair aux tempes*, signe caractéristique de la plus grande pureté de sang, ou le chien blanc et orange ou blanc et marron, à tête plus longue que large, à l'oreille tombante, c'est-à-dire celui se rapprochant le plus de nos anciens types; et soyons persuadés que ces

races reproduites chez nous, élevées selon nos habitudes, façonnées à nos chasses, nous permettront
de ne plus rien regretter dans le passé et de nous
glorifier d'avoir établi dans le présent un état de
chose certain en assurant aussi l'avenir.

LES PETITS ÉPAGNEULS.

Nous voici arrivés à l'examen d'une race de chiens
dont les mérites sont indiscutables, et qui sont de
celles dont l'acclimatation et l'introduction en France
peuvent être considérées comme utiles à tous les
genres de chasse. Que de bons souvenirs ont laissés
dans notre mémoire de chasseur ces excellents petits animaux d'un courage et d'une ténacité à toute
épreuve, bravant les ronciers les plus inextricables,
les eaux glacées, pour suivre la piste du gibier!

Et quelle ardeur! Quelle furie contre les remparts
épineux qu'ils escaladent s'ils ne peuvent les pénétrer, qu'ils enfoncent parfois en s'y précipitant avec
colère! Quelle énergie dans ces petits corps couverts
de longues soies! Que d'intelligence dans le regard
qui recherche l'ordre et souvent le prévient avec
une impétuosité charmante! Que de science dans
leurs manœuvres pour pousser le gibier sur le tireur!
Quelle patience, d'autant plus remarquable qu'elle
n'est obtenue que par la force de la volonté, pour

suivre la piste du faisan ou de la bécasse dans ses méandres les plus capricieux!

Peindre les petits épagneuls, c'est vouloir décrire une chose fugitive comme la pensée, et notre plume de chasseur ne se prête guère aux finesses de ces descriptions; car les aptitudes du petit épagneul sont multiples.

Qu'il soit cocker, springer, c'est toujours le petit animal doué d'une infatigable persévérance, résistant aux plus longues journées et aux plus dures fatigues. C'est toujours, — bien entendu, lorsqu'il est de bonne espèce, — l'aimable compagnon aux allures gaies et rapides, l'ami de la maison, le paresseux du foyer, le partenaire des enfants pour les parties de balle, qu'il va chercher au loin et rapporte avec des façons de clown; le danseur d'entrechats lorsqu'il aperçoit le fusil, la terreur des lapins lorsqu'il est le *rabbitine-spaniel*, et le batailleur par excellent lorsque les amoureuses ardeurs des lices voisines, et surtout des lices de grande taille lui sont connues. Qui n'a pas son défaut? Et celui du petit épagneul *est une galanterie immodérée.*

Je me souviens d'un *Dash* qui, après une journée de chasse dans l'ajonc et le marais, dînait promptement et courait grand train, à deux lieues du cottage que nous habitions sur la côte d'Irlande, s'installer devant la niche d'une énorme chienne de Terre-Neuve appartenant à un de nos amis, et poussait platoniquement des aboiements de tendresse, jusqu'à ce que quelques vigoureux coups de fouet lui eussent fait reprendre le chemin de son habitation.

Ce n'est pas là, n'est-ce pas? un grand défaut; ayons pour le petit épagneul les indulgences que ne leur refusent pas les *grandes dames* de l'espèce canine et l'aimable pitié qu'inspire leur vantardise.

Les petits épagneuls sont divisés en classes que nous avons déjà énumérées, et nous les envisagerons sous leurs différents aspects.

Les Anglais considèrent cette espèce comme l'une des plus anciennes de l'est de l'Europe, et il est certain qu'elle a servi longtemps à la chasse au filet alors que le fusil était inconnu. La fidélité des petits épagneuls est proverbiale, et nous ne saurions trop dire s'ils préfèrent la chasse à leur maître ou leur maître à la chasse.

L'ordre de l'Éléphant en Danemark a été institué en souvenir d'un épagneul nommé *Widbrat* qui n'abandonna pas le roi son maître, et lui fut plus fidèle que ses sujets. Aussi la devise de l'ordre est-elle : *Widbrat was faithful*, *Widbrat* fut fidèle! »

On raconte de nombreux épisodes démontrant les intelligentes qualités de petits épagneuls. L'un de ces épisodes se rattache aussi à l'histoire de Danemark et d'Angleterre.

Lodebroch, du sang royal de Danemark, était en bateau avec ses faucons et son chien sur la côte à chasser la sauvagine. La chasse était fructueuse et l'ardeur de la poursuite engageait l'embarcation au

large, lorsque survint une tempête qui la poussa
sur les côtes anglaises, en Norfolk. Lodebroch fut
arrêté comme espion, et, mené à Edmund, alors roi
des Angles de l'Est, se fit connaître et fut reçu à
bras ouverts. Ses qualités d'homme de chasse et
d'habile fauconnier le firent prendre en grande considération, mais le chef de la fauconnerie royale ne
vit pas sans jalousie le nouveau venu attirer sur lui
toutes les faveurs de son maître. Un jour Lodebroch
ne revint pas. On le chercha de tous côtés et le bruit
se répandit que, s'étant dirigé vers la côte, il s'é-
tait embarqué sur un navire faisant voile vers le
Danemark. Quelques jours s'étaient passés et le roi
avait renoncé à ses recherches, lorsqu'apparut près
de lui, affamé, maigre, l'œil éteint, l'épagneul de
Lodebroch qui prit le bas de son manteau en lui
indiquant clairement de le suivre. Le monarque
chasseur suivit le chien, qui le mena dans un bois,
où dans des ronciers épais était caché le corps de
son maître assassiné. Le roi fit justice, et son fauconnier, jeté dans le bateau qui avait amené Lodebroch à la côte de Norfolk, y fut garrotté et abandonné en pleine mer. Le bateau fut retrouvé par un
navire danois, et le meurtrier, pour se venger et
éviter la torture, raconta que Lodebroch avait été
assassiné par Edmund, roi des Angles. Les Danois
envahirent l'Angleterre et il s'ensuivit de furieux
combats.

Telle est l'anecdote qui a traversé les âges pour

célébrer les qualités de fidélité de l'épagneul. On
en cite d'autres qui donnent de sa sagacité et de sa
finesse des preuves curieuses. Le garde-chef d'un
grand propriétaire d'Écosse avait un petit épagneul
doué d'un si merveilleux instinct que si le jour il se
montrait un excellent chasseur, le soir venu il ne
s'occupait plus que de trouver la piste des braconniers; et, aussitôt qu'il trouvait celle d'un inconnu
dans les bois, il en avertissait son maître d'une façon significative. De nombreux voleurs de gibier
furent pris sur ses indications. Pendant de longues
années le chien vécut ainsi, le compagnon fidèle de
son maître. Ce dernier vint à mourir, et l'épagneul
ne le quitta pas et suivit le cercueil au cimetière.
Il y resta longtemps couché sur la terre, des heures,
des jours, jusqu'à ce que le maître du château, ap-
prenant le fait, le fit chercher et ramener à la petite
maison du garde, où, malgré les soins les plus af-
fectueux, le pauvre animal, ne voulant ni boire ni
manger, mourut de faim au bout de deux semaines.

Mais nous nous arrêtons. Les témoignages de fidélité de ces charmants animaux et leurs actes de
véritable intelligence rempliraient un volume.

Le petit épagneul est bien certainement le chien
du chasseur rustique, de l'homme des champs et
des bois qui admet son chien au foyer. Il trouvera
en lui un compagnon sûr, habile, intrépide à la
chasse, bravant toutes les intempéries, les épines,
les eaux glacées; interrogeant de l'œil la volonté de

son maître, et devenant d'autant meilleur et plus
intelligent qu'il vivra plus avec lui. N'est-ce pas là,
du reste, le secret pour avoir un bon chien?

Les braconniers ont donné bien souvent la preuve
de ce que la cohabitation de l'homme et du chien
peut produire comme résultats souvent incroyables.
Les chiens de contrebandier sont aussi la preuve du
développement de l'instinct du chien au contact incessant de l'intelligence humaine.

Aussi nous croyons fermement que le développement des qualités d'une race dérive autant de la sagacité dans les croisements que des soins donnés
au dressage, à l'amélioration de l'instinct, et cette
amélioration ne s'obtient que par une communication journalière avec l'animal qui en est l'objet.

Il est pour nous hors de doute que le chasseur
campagnard, qui a chaque jour son chien sous la
main, vivant en sa compagnie, doit avoir un chien
bien supérieur à celui du chasseur des villes, qui
ne peut conserver son compagnon dans sa maison.
Au risque de susciter bien des colères chez les ménagères et quelques taches aux rideaux et sur les
parquets, nous ne saurions trop conseiller à ceux
qui ont la force morale nécessaire pour braver ces
inconvénients passagers (les ménagères pardonnent
les taches en raison du gibier rapporté) d'introduire
le plus qu'il sera possible le chien dans leur intérieur. Il est facile, du reste, de les éduquer selon
toutes les règles de la propreté. Les chiens sont des

enfants. Il faut bien plus leur faire comprendre ce que l'on désire obtenir d'eux que les fouetter pour arriver au résultat.

Tous ne peuvent avoir un habile dresseur, qui chaque jour mène les chiens au travail et les maintient dans les justes limites de la plus stricte obéissance. Si les chiens sont confiés à un garde, il arrive le plus souvent qu'ils reçoivent une nourriture à peine nécessaire et ne prennent qu'un exercice insuffisant. Lorsque nous traiterons du dressage et des conditions hygiéniques nécessaires au chien d'arrêt, nous éluciderons cette question entièrement liée à celle du développement des qualités et de leur entretien.

Mais nous voilà bien loin de nos petits épagneuls.

Les variétés sont nombreuses. Le marquis de Granby a eu une espèce célèbre. Celle du duc de Marlborough ne le fut pas moins. Lady Spencer a donné tous ses soins à une race rouge et blanche. Les épagneuls du roi Charles furent aussi renommés. Ils ont la physionomie toujours triste : on dit que c'est depuis que leur maître est mort la tête sur le billot. Toutes les races mélangées, appropriées aux besoins des diverses contrées d'Angleterre, ont formé différents types que nous passerons successivement en revue. Les couleurs sont variées : il y en a de couleur marron, marron et blanc, noirs,

noirs et blancs, bronze et blanc. Ce sont en réalité,
de petits setters. La taille seule diffère et leur tête
est proportionnellement plus grosse. Le nez est très
développé, l'oreille longue garnie de longs poils,
soyeux qui se renouvellent après chaque saison, car
les soies restent en grande partie aux ronces des
couverts. Nous ne voulons pas oublier ici d'indiquer
les soins à donner aux yeux de ces courageux petits
animaux qui ne craignent aucun fourré épineux.
Le soir, ils rentrent le plus souvent avec les paupières endolories et saignantes. Il faut bassiner
le tour des yeux avec de l'eau tiède mélangée de
quelques gouttes d'extrait de Saturne.

On coupe généralement la queue des petits épagneuls. C'est une très bonne précaution de diminuer
de moitié cet appendice garni de longues soies, car
son mouvement incessant, pendant la quête, le fait
frapper contre les branches, et, les soies tombées,
il est couvert de sang après une demi-heure de
chasse au fourré.

Le spaniel cocker est ainsi nommé parce qu'il est
principalement approprié à la chasse de la bécasse.
Il est plus petit de taille que le springer et se dresse
facilement au rapport. Nous avons dit que sa couleur est variable, pourtant les cockers les plus estimés sont ceux du pays de Galles ou Cornwall, où on
les emploie à la chasse de la bécasse avec grand
succès. Nous avons vu en Bretagne de ces cockers
qui servent merveilleusement leur chasseur pour

toutes chasses, aussi bien celle de la bécasse que celle de la perdrix.

Le cocker est le chien par excellence du fourré; mais il peut être dressé facilement à la chasse de plaine. Pour les pays dont les champs sont clos de haies, il est inappréciable.

Ces petits chiens s'emploient de différentes façons. Les uns sont dressés à pénétrer dans les bois impénétrables et à rechercher la bécasse ou le faisan, voire même les lapins ou lièvres, enfin généralement tout gibier. Lorsqu'ils trouvent la piste, ils donnent de la voix pour avertir le tireur et font voler ou courir. La puissance de leur odorat est extrême, et nous avons souvent vu un cocker trouver la piste d'une bécasse à deux ou trois cents pas de l'endroit où il la fait lever. Le frétillement de sa queue, son ardeur contenue, son activité fébrile, sont les signes certains qu'il est sur une voie chaude.

Les autres sont dressés à chasser près du fusil. Ils battent le terrain à quinze ou vingt pas du chasseur, longent les haies, coulent dans les fossés, pénètrent dans les regains, les champs de maïs, de sarrasin, et, dressés au rapport, courant à la pièce tombée ou blessée, reviennent fièrement la rapporter à leur maître. Nous possédons deux petits épagneuls qui prennent chacun l'extrémité d'un lièvre tué et le ramènent au carnier avec une gravité charmante.

On emploie des épagneuls de très petite race pour la chasse de la bécassine. Chassant à vingt pas, ne laissant aucune touffe de joncs sans la fouiller, ils font beaucoup moins de bruit dans l'eau que les setters et effraient moins la sauvagine. C'est vraiment un charmant spectacle qu'un de ces minuscules compagnons de chasse revenant avec la bécassine dans la gueule ou traînant un canard ou un sarcelle.

L'épagneul d'eau est cependant une variété parfaitement distincte. Son poil est frisé comme celui du caniche, imperméable. La tête est longue, encadrée de très longues oreilles couvertes de frisures. Les froids les plus intenses ne l'empêchent pas de battre les eaux glacées, et nous nous souvenons d'un épagneul d'eau qui sautait de glaçons en glaçons pour aller chercher les canards tués qui tombaient sur la Loire.

On comprend quel parti le chasseur peut tirer d'une semblable race de chiens. Très généralement on les fait chasser deux ensemble, mais un seul peut être suffisant. Dans l'ouest de l'Angleterre et en Irlande, beaucoup de chasseurs de bécasse réunissent deux ou trois couples de petits épagneuls pour battre les grands champs d'ajoncs ou les bois fourrés. Les chances sont alors multipliées, et les tireurs entourant le couvert tirent infailliblement la bécasse ou toute autre pièce de gibier qui n'est pas moins infailliblement trouvée.

Leur petite taille permet de les transporter facilement en voiture, et leur prix, relativement modique en le comparant à celui des setters ou des pointers, les rend accessibles à toutes les bourses. Nous n'avons aucun doute sur la vulgarisation de cette race de chiens en France, si elle y était plus connue, et notre avis est partagé par tous ceux qui les ont vus à l'œuvre.

Nous l'avons dit, les petits épagneuls de l'ouest de l'Angleterre sont nos favoris. Les épagneuls de Norfolk ont pourtant aussi une bonne réputation que leurs qualités justifient. Sous cette dénomination de cockers, nous entendons désigner tous les petits épagneuls employés pour les chasses que nous venons de décrire.

Le cocker, plus haut sur jambes que le clumber et le Sussex spaniel, est beaucoup plus actif dans son travail, plus léger, plus entreprenant. Le poids varie entre 20 à 25 livres anglaises. Quelquefois le cocker est croisé avec le clumber, et il atteint alors 30 livres de poids. En résumé, l'espèce moderne des cockers combine le sang des diverses races de petits épagneuls de façon à être appropriable *à toutes les chasses* sur terre, dans les marais et sur l'eau.

Les Sussex spaniels ne sont que depuis peu d'années classés spécialement dans les expositions anglaises où ils forment actuellement une catégorie distincte. C'est le comité du Crystal Palace qui le premier opéra ce classement.

La couleur voulue pour le Sussex spaniel est marron doré; mais il est certain que ces épagneuls ne sont que le produit de la sélection et des croise-

ments, car il a été établi que les parents de chiens
de cette classe possédant la couleur marron doré,
descendaient de chiens noirs. Le Sussex spaniel,
dans son travail, est plus vite que le clumber et
chasse en donnant de la voix. C'est une qualité inhérente à son espèce, car chez les cockers on trouve
certaines classes dans la race qui sont presque
muettes, et les opinions sont fort divisées à ce sujet
en Angleterre. Les uns préfèrent les chiens muets,
les autres les chiens qui donnent de la voix sur la
piste et au lever de l'oiseau. Mon avis est que ceux
qui crient sur la piste sont préférables, dans les
contrées boisées et au fourré. En réalité, le Sussex
spaniel n'est n'est qu'une classe des petits épagneuls
définie bien plutôt par la couleur que par les qualités.

Le clumber spaniel est long, bas sur pattes, la
tête très développée. Je ne saurais mieux le définir
qu'en disant que c'est un setter auquel on aurait rac-
courci les pattes. Il est lent et entièrement muet.
Son emploi est tout spécial. Il chasse généralement
par groupes de deux ou trois couples, et fait dans
les bois l'office de rabatteur. Menés par un garde,
quelques clumbers bien souples sont préférables à
une vingtaine de rabatteurs; car ils possèdent
ce que ne possèdent pas les rabatteurs, un nez excellent qui leur permet de fouiller tous les buissons,
et leur petite taille qui leur facilite tous les passages.
Ils chassent le nez près de terre comme des bassets.

Si cette race de chiens était connue par les propriétaires des giboyeuses réserves des environs de Paris,
il est certain qu'ils l'adopteraient immédiatement,
car ils y trouveraient un profit certain. Le gibier,
moins effrayé, ne quitte pas son canton, et il y a
dans la manœuvre de ces jolis chiens un semblant
de chasse pour le tireur qui ôte à la battue son caractère brutal d'assassinat. Nous avons assisté en Angleterre à des chasses menées par des clumbers qui
donnaient des chiffres de pièce tuées aussi nombreuses, si ce n'est plus, que celles faites au moyen
de rabatteurs. Le clumber doit son nom à la rési-
dence du duc de Newcastle dans le Nottingham-
shire.

Le petit épagneul d'eau est originaire d'Irlande,
et deux espèces sont en honneur dans cette contrée :
celle du nord et celle du sud.

M. Mac Carthy, dans le sud, a créé une race parfaite, mais dont les sujets fort rares atteignent des
prix très élevés. C'est par excellence le chien des
pays froids, couvert de longs poils frisés, les jambes
fortes et courtes garnies de poils noirs moins longs;
enfin sa peau sécrète une sorte de matière huileuse
qui le rend presque insensible aux bains glacés.

Il est d'une impétuosité et d'une énergie rares;
se précipitant du haut de rochers dans les rivières,
battant les joncs, nageant toute une journée au milieu des eaux marécageuses, se débarrassant des
longues herbes, suivant la piste des oiseaux d'eau

sur l'eau, comme le cocker suit la voie de la bécasse sur terre. C'est le chien de chasse pour la sauvagine. Il serait inutile de décrire les autres espèces du petit épagneul d'eau, car celui de M. Mac Carthy est le type sur lequel elles ont été calquées.

Ces chiens ont été importés en Angleterre et croisés souvent avec les cockers. Ce croisement a donné lieu à un classement pour les expositions de l'épagneul d'eau anglais qui, en réalité, n'est pas une espèce bien assise, mais dérive du croisement de l'épagneul d'eau d'Irlande avec le petit épagneul anglais. Il n'existe certainement pas de meilleurs chiens pour les marais couverts que le chien d'eau qui porte le nom de M. Mac Carthy; mais, je le répète, il est fort difficile de se procurer la race pure. Nous avons vu de ces chiens moitié poissons plonger à plusieurs mètres sous l'eau à la suite d'un canard blessé se dérobant à leur poursuite. Leur couleur est marron foncé, leurs yeux sont aussi intelligents que ceux du caniche. L'été, bien entendu, n'est pas leur saison. Il leur faut les âpres bises de l'hiver, ou tout au moins les jours frais de l'automne.

Nous venons d'énumérer les classes diverses de petits épagneuls qui existent en Angleterre et en Irlande.

Nous laissons au lecteur le soin de choisir parmi ces espèces celle qui doit s'adapter de la façon la plus convenable aux exigences de son pays de chasse.

Pour nous, le cocker est le chien dont l'introduction en France réunit le plus de qualités diverses, s'appropriant à ce que le chasseur français demande à son chien. Il sera bon pour toutes les chasses, et cela en toute saison. Comme pour les setters et les pointers, la pureté du sang est la première condition que l'on doit rechercher. Nous n'aimons pas pour le fourré les races entièrement marron ou noires, car elles s'aperçoivent moins, et les accidents sont assez communs surtout lorsque plusieurs chasseurs entourent le même buisson et désirent tirer plus vite que leur voisin. Toutefois l'unité des couleurs est assez recherchée, et des gagnants de très nombreux prix aux expositions qui battent des chiens d'égale beauté comme formes, mais n'ayant pas une seule couleur, sont la preuve que, pour certains juges fort compétents, l'unité de la robe, sans être une distinction de race, est considérée comme étant d'une plus haute valeur.

En pratique, nous conseillons le cocker avec du blanc dans la robe.

Nous avons dit ce que nous pensions des clumbers et de leur spécialité pour les chasses de bois en battue.

Aux riverains de la mer, aux chasseurs des marais à grandes herbes croissant sur des terrains fangeux, nous dirons d'essayer de se procurer des chiens de M. Mac Carthy sans leur laisser beaucoup d'espoir d'obtenir la race pure. Dans l'hypothèse de non-réussite, que l'on se borne à acquérir des cockers croisés avec l'épagneul d'eau d'Irlande. Ils auront le poil frisé et la résistance nécessaire aux chasses des froides journées d'hiver.

Nous consacrerons au dressage des petits épagneuls un chapitre spécial, car l'indication de ce mode de dressage est destinée plus tard, alors que ces races seront introduites, à assurer le succès que méritent ces charmantes espèces de chiens que l'on trouvera dans la maison du petit chasseur et dans le chenil du château.... et peut-être, hélas! dans la chaumière du braconnier.

LES RETRIEVERS.

Ce sont des chiens d'une utilité contestée et contestable, qui sont pourtant fort utiles à un moment donné. Nous examinerons leurs qualités et leur adaptation à la chasse en France.

Le problème à résoudre est celui-ci : Est-il préférable de chasser avec un chien d'arrêt setter ou pointer dressé au rapport, ou avec un chien d'arrêt qui se couche au coup de fusil et laisse à un compagnon le soin d'aller chercher le gibier tué?

Pour de nombreux chasseurs d'Angleterre, le mode de chasse au chien d'arrêt avec l'assistance du retriever est le meilleur, nans contredit, et, en se plaçant à leur point de vue, ils ont raison. Ces chasseurs n'admettent qu'un dressage méticuleux. Le chien d'arrêt doit être soumis à une obéissance passive, avoir toujours l'œil sur son maître, se coucher écrasé lorsqu'il lève le bras, fût-il à 500 mètres de lui, se coucher au coup de fusil, se coucher lorsqu'un oiseau qu'il n'a pas éventé, en revenant à mauvais vent, le surprend ou s'envole devant lui. Tout cela a sa raison d'être. Il est en effet fort commode, surtout avec les chiens à grande quête, d'obtenir d'eux, lorsqu'ils sont au loin, au moindre signal, cette obéissance télégraphique. Il est très agréable d'avoir devant soi un chien qui se couche au coup de fusil et ne court pas malgré vous à la pièce tombée en faisant partir toutes celles qui sont restées. Combien de fois arrive-t-il, avec le chien d'arrêt dressé au rapport, que nous voyons partir toute une compagnie remisée à grand'peine dans un couvert et qui s'envole pendant la recherche de la pièce blessée! N'est-il pas incontestable que le chien revenant à mauvais vent peut faire partir le gibier éparpillé dans la plaine ou dans le bois, et que, s'il s'arrête immédiatement et se couche, vous avez le temps d'aller au gibier qui peut être resté entre lui et vous?

Il est hors de doute qu'il est presque impossible de maintenir le dressage du chien d'arrêt, dressé au rapport, au niveau du dressage spécial, donné au chien d'arrêt et au retriever séparément. Il faudrait l'anéantissement absolu de la volonté, et, avec ces races de grand courage et nerveuses, ce serait un but difficile à atteindre, que l'on atteindrait certainement, mais que l'on ne saurait maintenir sans une bien rare persévérance et un exercice journalier.

Nous pensons toutefois que la finesse de nez du setter et des pointers leur rend la tâche de retrouver le gibier, blessé ou mort, bien plus facile qu'aux retrievers de *race* et de *profession*.

Le retriever actuel est le produit de croisements qui sont fort variables. Toutefois la base de ces croisements est le chien newfoundlander ou de Terre-Neuve. Les uns préconisent le mélange du sang du pointer, d'autres du setter, avec cette espèce, et les variétés obtenues par ces combinaisons sont à l'infini et indéfinissables. On a préconisé chez nos voisins le croisement de l'épagneul avec le chien courant du Sud (southern-hound), chien de haut nez par excellence, ressemblant par ses formes et sa couleur aux briquets blancs de Gascogne, mais plus étoffé. On fait aussi le croisement avec le bloodhound.

Nous trouvons aujourd'hui généralement en Angleterre les retrievers divisés en trois classes distinctes.

La première, nommée wavy-coated retriever, est formée par le croisement du chien de Terre-Neuve (Labrador ou Saint-John) avec le setter. Les soies sont longues et *plates*, de couleur noire brillante. La tête est longue, large, plate au sommet avec une

petite protubérance longitudinale, sorte de rainure
dans le milieu, les narines ouvertes, développées,
les mâchoires longues et la gueule très fendue, pour
faciliter le port des lièvres ou des faisans. L'oreille est
plus ou moins courte, selon que l'animal a plus ou
moins de sang de setter; les yeux sont généralement
petits et très intelligents. Le cou est long. Il doit
l'être pour faciliter au chien la recherche des pistes
qu'il doit suivre en courant, le nez contre terre, à
un galop très vite. L'ensemble de sa construction
doit unir tous les caractères de force musculaire à
ceux de la vitesse, c'est-à-dire profondeur de poitrine, larges quartiers, épaules bien inclinées, pied
court et compact.

La seconde espèce se compose des curly-coated
retrievers. C'est la plus répandue et il est assez difficile d'éclairer le passé de sa formation. Toutefois
l'espèce de toison frisée comme celle du caniche ne
laisse aucun doute sur son degré de parenté avec
les épagneuls d'eau d'Irlande, Mac-Carthy ou autres, voire même le caniche. On dit que le retriever de cette espèce est généralement plus sage que
celui à longues soies plates (wavy retriever); mais
ce dernier, possédant plus de sang de setter, a le
nez plus fin. Nous avons vu et possédé de très remarquables sujets de ces deux races, et nous ne
saurions pourtant indiquer une préférence entre le
retriever issu du croisement avec les chiens du Labrador ou celui de Saint-John.

Il nous semble inutile d'insister sur une espèce dont les commencements sont enveloppés de données aussi confuses, et soumise bien plus au caprice des éleveurs qu'à des règles certaines; car il est possible de voir au travail, réunissant d'aussi remarquables qualités, le retriever issu du water-spaniel et du chien du Labrador, que celui issu du water-spaniel et du setter, ou du setter et du chien du Labrador.

D'autres espèces que les retrievers noirs à soies plates ou frisées existent en grand nombre et forment un ensemble qu'il est difficile d'analyser; car nous y trouvons une race de retrievers fort estimée, couleur marron à poils frisés, qui, pour nous, dérive certainement des chiens de M̃. Mac-Carthy, croisés avec le setter. On trouve aussi des retrievers noirs et feu, rouges, etc. Mais les chiens classés aux expositions sont toujours de couleur noire ou marron.

Le chien du Labrador pur, par la nature huileuse de son poil, est souvent employé par les chasseurs de sauvagine. Sa conformation spéciale, son origine, lui permettent de supporter plus facilement que d'autres les intempéries et les longues nages dans l'eau glacée.

Telles sont les différentes espèces de retrievers.

C'est vraiment un charmant spectacle que la chasse correcte, méticuleuse, du chasseur anglais qui dirige deux ou trois chiens avec une aisance parfaite.

4.

Nous sortons du parc. Voici la plaine, les champs cultivés ou les collines couvertes de bruyère. Le chasseur est suivi à pas comptés d'une paire de setters ou de pointers et d'un retriever. Il se retourne, lève la main; les trois chiens s'écrasent par terre. Il nomme doucement les deux chiens d'arrêt qui se lèvent, fait un signe du bras, et la chasse commence à fond de train. Les chiens se croisent, font des pointes pour prendre le vent, ayant toujours l'œil sur leur maître, qui les guide simplement par le geste. Sont-ils à 400 mètres, le chasseur lève le bras au-dessus de sa tête, et les chiens se couchent pétrifiés. Il baisse le bras, la quête recommence silencieuse. Mais voici l'un des chiens qui rampe à terre et s'arrête pétrifié. Dès que son compagnon l'aperçoit, il prend l'immobilité du bronze. Le maître s'est approché, a tiré : la pièce est tombée et, au coup de feu, les chiens d'arrêt se sont couchés. Alors commence l'office du retriever. Sur un signe du chasseur, il quitte ses talons, *ce qu'il ne doit jamais faire sans ordres*, et va chercher la pièce. Si cette pièce n'est que blessée, il prend la voie chaude et va chercher au loin perdreau, faisan ou lièvre. Nous avons souvent admiré ces chiens splendides revenant au galop avec un lièvre dans la gueule, sautant facilement une haute clôture pour le rapporter à leur maître et le lui déposer dans la main, car le retriever bien dressé doit remettre dans la main du maître, et en haussant la tête à sa portée, la pièce blessée, puis reprendre sa place derrière lui. Un signe aux chiens d'arrêt, et la quête recommence, ardente, passionnée...

Tel est le mode de chasse avec le retriever dans les pays où le gibier n'est pas trop abondant et dans les sauvages contrées de l'Écosse.

Là où le pays est très peuplé de gibier, le retriever est généralement employé exclusivement par les gardes qui suivent la ligne des tireurs et battent le champ derrière eux en faisant ramasser à leurs chiens les pièces tuées ou blessées, dont le tireur ne s'est nullement occupé, poursuivant devant lui sa tuerie.

Nous ne saurions admettre ce mode de chasse, *sans chiens*, en marchant devant soi, au milieu de bandes d'animaux qui fuient semblables aux poulets d'une basse-cour ou aux lapins d'un clapier.

Le retriever rend de réels services le lendemain des battues, et nous recommandons son emploi aux propriétaires de chasses où le rabatteur est le *deus ex machinâ*. Que de faisans, lièvres ou lapins blessés deviennent la proie des bêtes puantes, des braconniers, ou meurent misérablement et pourrissent au fond des buissons! Un garde, accompagné d'un bon retriever, qu'il fera quêter sur le terrain battu, rapportera au logis, le soir, un gros sac de pièces qui eussent été perdues. Il est d'usage de recommencer la même manœuvre le lendemain matin, et elle est le plus souvent profitable, car il est cons-

tant qu'un faisan ou un lièvre, qui a reçu des grains
de plomb dans les parties non vitales, poursuit sa
course ou son vol sans accuser de ralentissement;
mais, le soir, l'inflammation se déclare et, le jour
suivant, il est immobilisé par la douleur.

Telles sont les diverses applications de l'usage du
retriever.

Nous ne saurions en conseiller l'élevage aux chasseurs qui trouveraient utile de l'adjoindre à leurs
chiens d'arrêt comme rapporteur spécial pendant
et après les battues. Il est fort difficile de maintenir
la race et son dressage est aussi méticuleux que
compliqué. Il faut une large dose de patience, des
efforts constants, une cohabitation presque con-
tinuelle *avec le sujet*, et, quelquefois, alors que le
but est atteint, on s'aperçoit que les qualités de nez
sont inférieures. Le mieux est donc, en cette matière, de se procurer des chiens ayant la pratique
de leur métier, âgés de deux ans et demi à trois
ans au moins, et, lorsqu'ils sont acquis, de les
tenir fermement dans les limites d'obéissance passive; sinon, le retriever partant avant le signal, au
coup de fusil, devient un auxiliaire gênant et aussi
insupportable pour son maître que pour ses autres
compagnons.

En résumé, nous pensons qu'en France, cette
race trouve surtout son emploi chez les propriétai-
rer où la chasse en battue est en honneur. Là, leur
utilité est incontestable. Ils peuvent rendre aussi

de grands services aux chasseurs des bords de la
mer ou des marais, lorsqu'ils auront une dose convenable de sang de water-spaniel.

Nous serions ingrats si nous ne voulions examiner
les qualités *de cœur* du retriever. Il adore son maître, lui est un fidèle et aimable compagnon, et son
intelligence donne souvent lieu à des scènes fort
amusantes. Le major Hutchinson raconte une anecdote bien typique. Il chassait en compagnie de plusieurs amis avec de petits épagneuls menés par un
garde, suivi d'un retriever. Les chasseurs mar-
chaient silencieusement en ligne, les clumbers bat-
taient les buissons avec ardeur, et faisaient partir
faisans, lièvres et lapins, qui tombaient sous la fusillade, et, à chaque détonation, les petits épagneuls se couchaient pendant que le retriever allait
prendre les victimes et les rapportait à son maître.
Parmi ces cockers se trouvait pourtant un jeune
chien dont le dressage n'était pas parfait et qui déjà,
à plusieurs reprises, s'était précipité sur la pièce
tombée, lorsqu'à un moment donné un beau coq
s'élève dans les airs et tombe foudroyé. Le cocker
se précipite encore, mais le garde a donné l'ordre
au retriever qui, furieux de cet empiétement sur
ses droits, court au petit chien, le prend dans sa
gueule, le rapporte à son maître et retourne chercher le faisan... Le cocker n'a plus recommencé.

Les Anglais se servent aussi pour la chasse du
cerf de retrievers gigantesques que l'on nomme

deer-hounds. On a vu souvent aux expositions ces splendides animaux, lévriers-griffons de haute taille, à l'œil sombre, à la physionomie farouche. Les tableaux de Landseer les ont popularisés avec les paysages pittoresques de l'Écosse, où se passent ces belles scènes de combat. Le deer-hound est découplé sur le cerf blessé et le poursuit, bondissant sur les roches, au-dessus des torrents, jusqu'à ce qu'acculé, il le porte bas ou le noie dans le lac, vers lequel généralement le cerf se dirige pour se débarrasser des chiens. Cette espèce, fort en honneur autrefois et célébrée par les romanciers anglais, tend à disparaître et à être remplacée par les chasseurs de cerf au fusil par des croisements divers. Ceux du lévrier à poil ras et du chien courant pour le renard (fox-hound) est fort apprécié, et quelques amateurs de ce sport que nous décrirons plus tard ont ajouté un croisement de blood-hound, alliant ainsi les qualités de nez données par le fox-hound ou le blood-hound et celles de résistance et de vitesse par le lévrier, fabricant comme toujours avec une habileté incontestable les animaux spéciaux à chaque genre de chasse.

LES

CHIENS DE NUIT.

Nous ne saurions, avant d'étudier les différents modes de dressage des races de chiens employés à la chasse à tir, oublier les utiles auxiliaires du garde anglais : *les chiens de nuit.*

Nous voici bientôt aux nuits d'août; c'est l'heure des vols, c'est l'époque des transactions les plus fructueuses pour les bandits qui ne reculent pas devant l'assassinat et les receleurs qui transportent à Paris le produit de ces dévastations nocturnes.

En France, nous nommons cette classe de voleurs les braconniers.

En Angleterre, on les appelle *poachers.*

Chez nous, il faut de nombreuses récidives pour qu'une peine sévère leur soit infligée ; et, si la défense du bien que l'on conserve le plus souvent à force d'argent est permise, elle a ses moyens limités.

Chez nos voisins, les peines sont sévères, et le propriétaire d'un terrain de chasse peut protéger son gibier contre les voleurs de nuit par tous les moyens possibles.

En France, faiblesse incompréhensible, indulgence pour l'homme qui vole des perdreaux et des faisans. — Ah! si ce sont des poulets au lieu de faisans, et des veaux à la place de chevreuils, le braconnier devient un voleur.

Pourquoi?

Parce que des Romains, qui vivaient il y a des siècles, qui s'habillaient avec des robes et possédaient assez de gibier pour se faire servir des plats de langues de faisans, ont inventé l'absurde axiome que le gibier était : *res nullius!*...

Tel est certainement le point de départ de la législation bâtarde qui est cause du dépeuplement des contrées de France les plus riches en gibier.

Le jour de l'ouverture arrive, les bandes de chasseurs se répandent dans les plaines dévastées par le braconnage, et le soir ils rentrent harassés sans avoir tiré un coup de fusil. — Que de mécontents ce jour-là! que de gardes chassés ou sévèrement réprimandés par leur maître! — Mais que peut un homme la nuit, seul, contre une dizaine de bandits armés!

Le vol du gibier comprend différentes classes de voleurs :

Peut-être, aux approches des barrières, le dimanche, avez-vous remarqué ces hommes aux visages flétris par la débauche, marbrés par l'ivresse, écume fangeuse et fétide de la population de Paris qui demande chaque matin au crime ou au vol le pain de la journée.

C'est là que se recrutent les braconniers, aujourd'hui constitués en sociétés commanditées par de grands marchands de gibier qui fournissent gratuitement les filets et payent les condamnations, remplaçant les engins de destruction lorsqu'ils sont saisis par la loi.

Si les braconniers ont été surpris par la gendarmerie et les gardes, s'ils ont trouvé leur force insuffisante pour résister et que la prison ait fermé sur eux ses verrous, ils attendent bien patiemment la fin de leur peine; des secours d'argent leur sont envoyés par la société qui les exploite et qui leur verse, à leur sortie de prison, une large indemnité.

Les généreux entreteneurs de cette plèbe curieuse voient, grâce à cette générosité connue, les demandes d'emploi affluer. Aussi peuvent-ils faire leur choix et, receleurs avides, estimer le voleur à son juste mérite.

La nuit est sombre, la brise presque insensible. Sept ou huit hommes, dispersés dans la campagne, ont écouté le chant du soir des perdreaux; ils ont observé les lieux qu'ils ont choisis pour attendre le jour. S'avançant doucement, ils piquen t en terre de longues perches sur lesquelles est fixé le filet.

Tandis que les uns maintiennent ces perches, d'autres s'éloignent et reviennent en opérant une battue.

La nuit, le perdreau vole très près de terre.

Les braconniers s'avancent donc, frappant deux pierres l'une contre l'autre ; un bruissement d'ailes se fait entendre : c'est la compagnie de perdreaux qui s'envole.

Peu d'instants après, des cris aigus mêlés de battements d'ailes indiquent que, tout entière, la compagnie a frappé dans le filet qui a été rabattu sur elle.

La besogne est vite faite. On ouvre un grand sac, chaque homme brise entre ses dents la tête des oiseaux et les jette pêle-mêle dans leur tombe de toile.

Nous avons vu un braconnier pris sur le fait. Sa longue barbe était toute ensanglantée et toute dégoûtante de débris de cervelles.

Parfois la fête est troublée et les gardes se présentent. Les coups de feu retentissent : l'obscurité s'éclaire, les détonations se mêlent aux cris, et le lendemain on trouve un homme mort dans un fossé, le corps percé d'une balle.

C'est l'œuvre des braconniers.

Il nous semble inutile de décrire ici les différents modes de braconnage au filet ou au fusil.

Nous présentons simplement un moyen de défense absolu, le *seul* qui soit un obstacle sérieux au vol du gibier, moyen qui est à la portée de tous et devient une protection efficace du garde qui doit surveiller les terrains de chasse.

C'est encore en Angleterre qu'il nous faut aller chercher cet exemple et les chiens. Les *night's dogs*, ou chiens de nuit, sont le produit du croisement du mastiff et du bull-dog. Leur couleur est généralement sombre, noire ou fauve zébré de noir. La physionomie est farouche, le corps long, les épaules épaisses, le cou puissant, les quartiers aux muscles saillants. C'est bien l'aspect de la force servie par le courage.

On fait aussi des chiens de nuit par le mélange du sang de blood-hound et de bull-dog. Ces derniers ont plus de nez que ceux issus du mastiff.

Leur dressage est simple. On les habitue, dès leur plus jeune âge, à suivre derrière les talons du maître et à ne jamais les quitter que sur son ordre. On leur fait suivre une piste ou traînée faite au moyen de souliers pris à un étranger, et peu à peu on augmente le point d'arrivée de celui du départ. Après un nombre suffisant de leçons, le jeune chien de nuit prend *seul* la piste de tout étranger qui passe sur le canton où on le promène et certains faits fort curieux dont nous avons été le témoin sont la preuve du merveilleux instinct de ces animaux.

Nous chassions près de Belfast, en Irlande, chez un de nos amis, grand propriétaire et éleveur de chevaux. La foire était prochaine et nous avions admiré le matin même certain poulain aux formes splendides. Le lendemain, il avait disparu.

Grand émoi à l'écurie. Les boys sautent sur les chevaux, les palefreniers font de même, et tout ce monde furieux part à travers champs. Deux heures après chacun revenait sans nouvelles et l'on tenait conseil sur les meilleures mesures à prendre lorsqu'un vieux garde apparut tenant en laisse son chien de nuit et proposa de se rendre au paddock d'où le poulain avait disparu. Nous le suivîmes. Le paddock était situé sur une prairie en pente enfermée par des murs de pierres superposées au milieu desquelles poussaient des genêts épineux. L'homme fit le tour du champ avec soin, examinant à terre toutes les empreintes. Tout d'un coup son chien, qui était retenu à son carnier par une longue laisse de cuir, se rabattit et se dressa contre la clôture en appuyant son museau contre les pierres et essayant de franchir l'obstacle. Un simple examen nous prouva que les pierres avaient été déplacées et replacées ensuite. De l'autre côté le sabot d'un cheval apparaissait sur la terre humide ainsi que le pied nu d'une créature humaine.

A partir de ce moment, la chasse commença. Il serait inutile de décrire toutes les péripéties de cette poursuite lente, passionnée, entravée par des obstacles de toute nature. Quatre heures après nous arrivions au sommet d'une colline qui dominait la mer, et à mi-côte nous apercevions une petite ferme vers laquelle le chien, tirant de toutes ses forces sur sa laisse, nous força à nous diriger. A notre approche, un homme sortit de la maison. Aux questions du garde, il balbutia quelques paroles et se mit à trembler. En même temps un cri de joie partit de l'écurie et l'un des fils de mon hôte en sortit, tenant en main le beau poulain favori de son père.

Le chien de nuit avait donc pris la voie cinq ou six heures au moins après le départ du poulain et nous avait amenés directement, en suivant la piste, à la maison du voleur.

Il est inutile d'insister sur les grands services que des auxiliaires semblables peuvent rendre sur les chasses giboyeuses.

Lors de sa tournée de nuit, le garde est immédiatement averti par son chien du passage d'étrangers, et, le laissant faire, le suivant, en le tenant attaché par une longue corde, il est dirigé vers les points où les vols peuvent se commettre.

Les *night's dogs* sont dressés à se précipiter sur des mannequins habillés de guenilles au moindre signal de leur maître, et nous avons vu des hommes de la plus haute stature jetés facilement à terre par ces chiens qui sont du reste presque toujours muselés.

Ils sont, en Angleterre, la terreur des braconniers et un garde accompagné d'un de ces chiens vaut certainement six gardes qui courent la nuit à l'aventure sur des ennemis invisibles. Sa confiance est absolue, parce que son chien l'avertit aux moindres émanations qu'il perçoit d'un passage insolite, et il sait qu'au moindre signal son défenseur se précipitera au-devant du danger. Il y a peu de temps, une revue de sport anglaise enregistrait les exploits d'un chien de nuit qui avait terrassé successivement, quoique grièvement blessé d'un coup de feu, trois braconniers qui s'étaient introduits dans le parc d'un propriétaire du Yorkshire.

Nous avons nous-même employé depuis longtemps cette race de chiens utiles à tous les points de vue, et là où le braconnage au fusil, au collet, au filet existait, il disparut immédiatement devant les chiens de nuit. Ils sont aussi la terreur des voleurs d'œufs de faisans ou de perdrix qui parcourent les plaines au printemps avec un chien; car ce chien généralement paye de sa vie son incursion sur le terrain d'autrui en même temps que son maître est forcé de ne pas avoir recours à la fuite, s'il ne veut être arrêté par le *night's dog*.

On ne saurait taxer d'inhumanité ce moyen de défense. Il suffit d'énumérer chaque année la liste terrible des victimes faites par les braconniers, et, pour nous, il est hors de doute que les terrains de chasse soumis à la surveillance de gardes accompagnés de *night's dogs* seront toujours peuplés, offriront à leurs propriétaires les plaisirs sur lesquels il a le droit de compter, en lui enlevant les tristes préoccupations et les obligations qui résultent de l'assassinat d'un garde ayant fait son devoir.

Nous avons examiné avec un soin méticuleux les différentes espèces de chiens anglais qui peuvent par leurs aptitudes spéciales être utilisés avec succès en France, indiquant aux chasseurs, sans parti pris, nos convictions basées sur une expérience déjà longue.

Il nous reste maintenant à reprendre ces excellents chiens à leur début dans la carrière, et à les suivre pas à pas jusqu'à l'âge où ils sont capables d'entrer dans le champ comme compagnons de chasse de leur maître.

Les différents modes de dressage auxquels ils sont soumis chez nos voisins seront examinés, et nous n'avons aucun doute sur l'heureux résultat de cet examen qui permettra à chacun d'obtenir l'apogée des qualités des chiens de pure race qu'il possédera.

Il nous faut, avant de terminer, mettre en garde les chasseurs, nos confrères, contre l'extension subite qu'a prise l'introduction des races anglaises en France et des désappointements qui naîtront certainement des choix et achats faits à la légère. L'Angleterre produit le chien bâtard, comme la France, et le chien importé, parce qu'il est né en Angleterre, n'apporte pas avec sa nationalité son brevet de pure race. On ne saurait donc s'entourer de trop de précautions en faisant des acquisitions qui, résultant d'un marché loyal, sont appelées à régénérer nos races françaises, et à exiger la production d'une généalogie garantie d'une façon sérieuse. Il ne suffit pas d'affubler un chien d'épithètes pompeuses et de *pedigrees* triomphateurs pour que ce chien possède les qualités énoncées. Il faut remonter à la source et s'assurer que la source est pure de tout mélange.

Défions-nous donc de l'exubérance de production anglaise qui se déverse chez nous depuis que les chiens anglais y sont patronnés par des autorités indiscutables en matière de sport.

Ne nous laissons séduire ni par l'anglomanie ni par l'anglophobie. L'anglomane et l'anglophobe sont deux types de chasseurs que l'on rencontre partout.

L'anglomane a toutes sortes de froideurs britanniques et de dédains pour le chasseur de classe moyenne, qui ne peut, — vêtu des *Norfolk-shirts* de M. Poole, des *knickerbockers* de M. Hammond, armé d'un fusil de M. Purdey, suivi d'un couple de setters ou de pointers et d'un retriever capable de rapporter une cerise sans que ses crocs s'y impriment, — se présenter au rendez-vous. Il a en mémoire cent récits d'hécatombes de grouses sur les moors d'Ecosse, de perdrix dans le Norfolk, et de faisans dans le Suffolk, et de sauvagine sur les bords des lacs d'Irlande.

A l'anglomane, il ne faut parler ni de nos lu-

zernes de la Beauce, ni des champs de betteraves
de Seine-et-Marne, ni des forêts, ni des grandes
bruyères du Morvan et des Ardennes.

C'est l'amant platonique de la vieille Angleterre,
et sa fidélité est telle qu'il a adopté pour lui-même
les plus scrupuleuses traditions du régime alimen-
taire du Royaume-Uni, — thé, — sherry, — roast-
beaf. C'est une conviction absolue, basée souvent
plus sur la lecture enthousiaste des livres de sport
anglais que sur la réalité et la pratique comparative
de la chasse en France et en Angleterre.

Les moors, les champs de turneps, il ne sort
pas de là.

Qu'il y reste, n'est-ce pas?

L'anglophobe, lui, a tous les chauvinismes.

La blouse, la bonne vieille rouillarde accrochée
à la cheminée enfumée, le chien *frrrançais*, une
pipe et le vin de la chaumière sont ce qu'il préfère
avec les récits grivois où l'on soulève, sans discré-
tion, les jupes champêtres, et les refrains gaulois
chantés à tue-tête sur un air de fanfare.

Si vous lui parlez des chiens anglais, il écume;
d'armes d'outre-Manche, les yeux lui sortent de la
tête; de chasse au renard, il prend son fusil et rage,
car l'anglophobe rage toujours même à table, lorsqu'il soutient que *Médor* n'a pas son pareil (ce qui
est souvent heureusement vrai), qu'il chasse son lapin comme un basset et arrête son faisan comme
un pieu. Il rage au bois et apostrophe son voisin en

battue lui criant : « Le ventre au bois... f...! Monsieur, le ventre au bois! » ce qui est fort gênant pour ceux qui ont un abdomen accentué. Il rage en plaine, hurlant le nom de *Médor* qui chasse son lièvre avec entrain et disperse en bandes effarées les compagnies de perdreaux.

Enfin, le soir, enveloppé de la fumée de sa pipe courte, si courte qu'elle touche aux lèvres et roussit ses moustaches hérissées, il place son histoire où il est raconté qu'un Prussien et un Anglais ont volé le dernier rejeton des braques français Dupuy, et où il est dit que le fameux chien anglais *Lang* est tout simplement le fils de ce chien français soigneusement caché... et masqué...

Nous le répétons, au moment de clore cette étude des races de chiens de chasse à tir anglais, la recherche du sang pur, son maintien par de judicieux croisements et l'établissement d'un stud-book. tel est le seul moyen de rendre à la France des races perdues en créant, par la sélection et l'éducation, l'aristocratie de races canines appropriées définitivement à notre pays.

DRESSAGE

DES CHIENS ANGLAIS.

Nous avons décrit minutieusement les diverses races de chiens que de savants croisements et une sélection suivie ont créées en Angleterre. Ces créations faites en vue de modes de chasse différents, ces spécialités qui sont recherchées chez nos voisins ne s'acclimateront que difficilement en France, et c'est la raison qui nous a fait indiquer parmi ces espèces celles qui peuvent le mieux s'accommoder de notre tempérament.

Setters, pointers et cockers doivent donc être les animaux de notre choix, et nous ne saurions trop dire que l'authenticité des généalogies est une des conditions premières de l'introduction en France de ces espèces; sinon, restons au point de confusion où nous en sommes et continuons à demeurer dans l'inconnu et le chaos. Nous avons renoncé depuis longtemps à vouloir convaincre ceux qui ne veulent pas être convaincus, et ce serait métier de dupe que d'insister sur des faits si faciles à contrôler qu'ils sont les équivalents de l'évidence.

Le chien anglais, comme le cheval anglais, comme les moutons anglais, comme les bœufs anglais, doivent leurs qualités à la science patiente qui a procédé à leur formation et à leur éducation.

Voyez cette lice de pur sang nourrissant ses petits. La famille grouillante et glapissante s'attache à ses mamelles gonflées de lait. Son grand œil intelligent suit les mouvements de la bande altérée avec une sollicitude touchante, et nous avons souvent remarqué, lors des portées nombreuses, le choix que faisait la mère parmi ses petits. Les uns, gloutons outre mesure, tétaient jusqu'au sommeil et s'endormaient en conservant dans leur gueule rose la téline favorite sans se soucier des faibles qui attendaient leur tour. Nous avons vu des chiennes revenant du dehors prendre dans leur gueule les gourmands, les porter dans un coin et, malgré leurs cris déchirants, allaiter les sobres.

Le temps du sevrage arrivé, le lait de vache se substitue à celui de la mère. Les petits chiens commencent à batailler et à courir en se disputant les brindilles de bois ou faisant curée d'une guenille.

est possible déjà de distinguer leurs formes et de présager l'avenir, sans grande sécurité toutefois, car les appréciations sont basées sur des données bien incertaines.

Les voilà sevrés. Ce sont des chiens, et il faut dès maintenant s'occuper de leur avenir en commençant leur éducation.

N'est-il pas nécessaire de décrire, avant de procéder au développement des qualités *morales*, les précautions hygiéniques et les méthodes si simples qui doivent épargner à l'éleveur bien des déboires? Nous ne voulons pas faire ici un résumé des nombreux livres qui ont été publiés sur la matière, mais simplement exposer la méthode que nous suivons personnellement, et après de longues et patientes expériences dont les résultats ont prouvé l'excellence.

Il nous faut parler à deux classes bien distinctes de lecteurs. La première comprend les propriétaires de chenils, peuplés de nombreux chiens, qui s'occupent d'élevage et d'amélioration des races; la seconde comprend ceux qui possèdent deux ou trois chiens d'arrêt, voire même un seul, pour leur usage.

Nous nous adressons donc aux chasseurs à tir, et l'organisation spéciale que nous voulons indiquer s'applique seulement aux chiens d'arrêt. Plus tard, lorsque nous passerons en revue les races de chiens courants anglais, nous parlerons des installations et des méthodes employées pour entretenir les meutes en bon état.

Les chiens d'arrêt anglais, de *race pure* obtenue par la sélection des qualités de forme et des aptitu-

des, sont généralement doués d'une nature nerveuse, sensible, qui demande à ne pas être heurtée,
dès le jeune âge, par des procédés trop dominateurs.
Nous entendons par le jeune âge l'époque où le
jeune chien commence à percevoir les objets et les
sentiments extérieurs.

` A notre avis, les installations préférables de che-
nils importants, consacrés au chien de chasse à tir,
sont celles qui se rapprochent le plus de l'état habituel du chien dans la maison : une niche en chêne
spacieuse, élevée de terre, dont les pieds s'appuient
sur un pavage de briques, une petite cour close au
moyen de treillages métalliques, sont l'habitation
que nous aimons pour nos chiens. L'été, de larges
paillassons, semblables à ceux que les jardiniers
emploient pour leurs couches, se plaçant et se dé-
plaçant facilement, sont un excellent abri contre
les trop vives ardeurs du soleil.

De larges récipients pleins d'eau souvent renou-
velée et un vase moins grand pour recevoir la nourriture sont les seuls meubles de cette primitive habitation, empaillée chaque jour de paille nouvelle,
lorsqu'elle est scrupuleusement nettoyée. Un lavage
hebdomadaire avec de l'eau étendue d'acide phé-
nique est une excellente précaution.

La cour doit être sablée de sable de rivière, d'une
couche peu épaisse, mais souvent changée, et, sous
cette couche, une autre plus épaisse de gros cail-
loux formant une sorte de drainage pour les eaux.

La longueur et la largeur des cours de ces chenils peuvent varier, mais nous estimons qu'une cour
restreinte est préférable, pour les chiens *dressés*, à
celles où ils jouissent d'une trop grande indépen-
dance.

Lorsque nos lices sont saillies, nous leur donnons
un espace plus grand à parcourir, et leur service
de chasse est immédiatement arrêté. Certes les
chiennes pleines peuvent chasser presque jusqu'au
dernier jour, mais c'est sûrement aux dépens de la
bonne venue des chiens et de leur développement,
surtout si la fatigue est engendrée par un exercice
qu'il est bien difficile de modérer.

La lice pleine, destinée à allaiter une nombreuse
portée de chiens de grande valeur, nous semble
devoir être le but de soins incessants. Rien n'est à
négliger, et son hygiène ainsi que son alimentation
doivent être soigneusement surveillées, surtout pendant la dernière période,

Tout d'abord, un exercice modéré : et, puisque
nous décrivons les soins à prendre durant la gesta-
tion, disons qu'il est une précaution absolument nécessaire lorsqu'une lice a été saillie, c'est de ne pas
la faire voyager en chemin de fer, au moins pendant
quinze jours. *Il est presque certain que la lice saillie
et voyageant ensuite sur les voies ferrées ne produit
pas.* Nous avons eu de bien nombreux exemples de
ce fait lorsque nous avons envoyé nos lices à des
étalons célèbres en Angleterre, ou que des chiennes

ont été envoyées aux étalons de notre chenil. La stabulation complète est aussi fort défavorable à la suite des saillies.

Une promenade dans des champs peu coupés d'obstacles, chaque jour pendant une heure, et la liberté dans un vaste préau, sont les conditions nor-males de la santé des lices pleines.

Quant à leur nourriture, elle sera substantielle sans être trop abondante, seulement pendant les jours qui précéderont la parturition. Les lices doivent être alors mises à l'écart dans un endroit un peu sombre et soumis à une température égale.

Les chiens sont nés, distribués en partie à la mère ou à des nourrices. Trois ou quatre nous semblent suffisants. Pendant la période de l'allaitement, les lices seront très fortement nourries de soupes plantureuses, sortes de pots-au-feu, car les légumes ne doivent pas en être exclus.

Les jeunes chiens ont ouvert les yeux. Les voici jouant et se disputant la mamelle avec un acharnement maladroit et comique. Ils commencent à vouloir grimper le long de l'écuelle contenant la nourriture de leur nourrice jusqu'au jour où ils peuvent y plonger la tête. Ce premier appétit est le signal du sevrage.

Dès-lors, la mère où la nourrice doit être séparée pendant un temps sagement gradué, pendant lequel les jeunes chiens sont livrés à eux-mêmes et reçoivent une soupe au lait tiède, dans lequel on a émietté du pain. Peu à peu ils s'habituent à être privés de leur mère qui, pourtant, est longtemps encore ramenée à eux pour la nuit, *même quand ils sont complètement sevrés.*

Premières leçons à la maison.

Durant le jour, un petit parc, organisé avec quelques planches superposées, permet de leur donner la facilité complète de leurs ébats, lorsque le temps est beau ; et déjà il est facile de les faire obéir au sifflet, ou du moins d'appeler leur attention sur le signal si, chaque fois que l'on porte la soupe, on leur présente l'écuelle en sifflant.

C'est la première leçon. Leçon bien douce à leur imagination, comme vous voyez, puisqu'elle procède par une jouissance de leur estomac.

Que l'on nous permette d'appeler l'attention sur ce premier acte d'autorité, qui est la représentation du principe de dressage employé en Angleterre, c'est-à-dire le *dressage par les moyens doux unis à une fermeté inébranlable* et à une persévérance absolue. Se faire obéir passivement, sans se faire craindre, est pour nous le *desideratum* du dressage parfait, car l'obéissance intelligente développe les instincts et l'obéissance craintive les paralyse.

Rien n'est un plus charmant spectacle pour l'œil du chasseur : un coup de sifflet, et tous ces charmants petits corps, enchevêtrés les uns dans les autres dans les plus originales postures, se redressent, les petites têtes s'animent de regards joyeux, et, au second coup de sifflet, tous arrivent en courant à l'appel.

Quelques jours se sont à peine écoulés, et déjà le sifflet est un signal d'éveil de leur attention, que ce soit pour se mettre à table ou pour suivre le maître en lui grignotant le bas de ses guêtres.

Ce maître est excellent! Il porte toujours dans ses poches quelques morceaux de biscuit.

En baissant la main jusqu'à terre graduellement pour arriver *tout à fait à terre*, et en disant *Tout beau!* il force les jeunes chiens à ne prendre que lorsqu'ils *sont complètement écrasés*.

Peu à peu les petits chiens s'habituent eux-mêmes à la manœuvre, et nous avons vu souvent six ou sept petits chiens de trois mois à peine, de même portée, se coucher tous ensemble au mot de *Tout beau!*

S'il est facile d'obtenir ce résultat avec toute une portée, il est bien plus facile encore de l'obtenir d'un seul chien, et nous voilà arrivés à l'époque où le dressage peut commencer, au moyen de règles sérieuses, avec un jeune animal qui nous aime, nous obéit et a en nous une absolue confiance.

La soumission est donc acquise.

Pour compléter cette première leçon, le jeune chien, habitué à se coucher au mot *Tout beau* pour prendre ce qu'on lui donne, le fera aussi promptement si en prononçant l'ordre on lève le *bras droit* perpendiculairement. C'est là un avantage considérable; car, lorsque le chien sera au loin en pleine quête, il s'écrasera par terre lorsqu'il apercevra ce signal.

C'est, à notre avis, un des points les plus importants du dressage.

On ne chasse pas toujours avec le vent complètement bon, et le chien a souvent le vent de côté ou par derrière durant sa quête. Combien de fois il arrive que nous apercevions des oiseaux se remettre dans une partie du champ sur lequel le chien revient à mauvais vent et avec toutes les chances de les faire envoler sans en avoir eu connaissance!

En levant le bras, le chien est averti, se couche et attend un signal pour commencer sa quête en sens inverse.

Tels sont les premiers éléments d'éducation du jeune chien pendant la période du sevrage.

Nous avons parlé de leur mère. Ne négligeons pas de parler de leur père.

Il sera un chien de haut mérite, classé par les connaisseurs et les juges aux expositions comme l'un des premiers parmi ceux de race pure.

Sa généalogie sera authentique, c'est-à-dire certifiée par des signatures d'une honorabilité reconnue, et il sera réputé comme produisant bien; car il arrive malheureusement quelquefois que des chiens de formes parfaites et de qualités hors ligne dans les champs donnent de moins beaux produits que des chiens moins célèbres.

La valeur d'un étalon est plutôt dans ses produits que dans ses performances. Je veux dire que dans le choix de l'étalon il ne s'agit pas seulement de la célébrité du chien, mais aussi de la valeur des animaux qu'il a produits. Si nous considérons ce qui se passe chez les éleveurs de chevaux de pur sang, nous trouvons exactement le même résultat, et tel cheval étalon, peu recherché hier, devient demain le plus recherché s'il a fait des gagnants aux courses. Ne voyons-nous pas en ce moment en Angleterre l'engouement pour *Ronald*, le célèbre étalon setter Gordon, dépasser toute mesure? Certes *Ronald* est pour nous le meilleur étalon de cette espèce, et sa production est des plus remarquables. C'est le setter par excellence, n'ayant aucun rapport avec ces chiens lourds, près de terre, à grosse tête, que nous avons vu présenter comme types de cette race, pauvres animaux qui n'en possédaient que la couleur.

L'étalon doit être soumis à un régime plantureux, en rapport avec ses dépenses de force. Pendant l'époque des saillies, on ne doit pas lui ménager la viande crue de mouton et les bouillies de farine et viandes hachées mêlées de légumes. On lui donnera aussi quelques os à ronger. Sans être pléthorique, il doit être très en chair, et on peut le mettre hors d'entraînement, c'est-à-dire ne pas lui donner cha-

que jour l'exercice violent auquel doit être soumis
tout animal destiné à supporter les fatigues de longues courses.

J'entends sonner au loin les railleries et je vois les
sourires.

—Comment! dira-t-on, il faut autant de soins pour
faire faire des chiens à une chienne?... Mais je ne
traite pas mon chien comme un pacha, et je vois tout
mon village grouillant de ses produits !

Que l'on me permette de faire observer que l'étalon que je décris est un chien destiné *spécialement
à la production*, fort capable, à ses heures, de peupler aussi de bâtards tout un village ; mais j'invite
mon contradicteur supposé à présenter à son chien
pendant un mois une vingtaine de chiennes, et il
verra le profond mépris que l'animal blasé ou fatigué aura pour ces pauvres affolées après la première demi-douzaine et peut-être auparavant.

On ne saurait prendre trop de précautions, trop
insister sur les soins méticuleux, lorsqu'il s'agit
d'élevage de races pures ; et, puisque voilà nos
chiens nés, sevrés, obéissants, confiants, gais et
ardents, c'est le moment d'entreprendre le dressage
et de les soumettre aux leçons sérieuses.

Celui qui habite au milieu des champs et aime
la chasse, se prive d'un plaisir et de jouissances
certaines s'il confie à un autre le soin du dressage
de son chien ; il se prive de plus, pour l'avenir, d'un
compagnon dont l'instinct, mis dès le bas âge en

communication avec son intelligence, lui rendrait au centuple la peine qu'il aurait prise. Et en disant peine, nous n'exprimons pas notre pensée, car nous ne saurions considérer cette occupation comme une corvée que l'on s'impose volontairement. Voir chaque jour se développer les merveilleuses facultés que les chiens de pure race tiennent de leur espèce même, façonner à sa guise ces natures fines et nerveuses, les compléter par d'autres facultés, celles qu'il est impossible à l'homme d'acquérir, et former un ensemble parfait, se composant du maître, qui dirige, du chien, qui obéit et qui trouve, me semble le but que tout chasseur digne de ce nom doit chercher à atteindre.

Il est, nous le savons, certaines impossibilités qui forcent une classe de chasseurs à avoir recours aux dresseurs... Ceux que les affaires retiennent à la ville doivent se priver le plus souvent du soin personnel, de l'éducation complète de leur futur compagnon. Le choix du dresseur est alors chose importante, et les gardes français sont loin d'égaler dans cette science les gardes anglais, car le nombre de manches de fouets brisés, de lanières rompues, de colliers de force édentés est en raison directe du mauvaise dressage du chien.

Le dresseur anglais est patient. Sa méthode est un livre dans lequel il fait lire au chien, dès la première page, le principe de l'obéissance passive, et successivement le mène au but après lui avoir fait suivre un cours, divisé par leçons spéciales, qui font obtenir la perfection.

Un chien n'est réellement dressé que lorsque son arrêt est *sûr*, ferme, ce qui veut dire que son nez doit être infaillible et distinguer, dans toutes les émanations qui frappent son odorat, celle du gibier, nettement, sans indécision. Que de chiens voyons-nous en arrêt à tout propos, insupportables, se traînant sur des pistes anciennes, provoquant chez le tireur des incertitudes constantes !

Sont-ce là les bons chiens?

A notre avis, ce sont des animaux inacceptables pour l'homme de chasse, et ce vice provient aussi bien d'un dressage négligé que des qualités inférieures du nez.

Le vrai bon chien ne se trompe que rarement. S'il arrête, cela veut dire que le gibier est là. Nous n'apprécions nullement ces animaux qui trouvent du gibier partout et n'en font paraître que peu souvent. Nous le répétons, *cette indécision est la preuve de l'infériorité du nez ou d'un dressage insuffisant.*

Le chien d'arrêt se forme par le dressage et la pratique de la chasse.

Nous n'avons jamais cru au dressage en chambre, si ce n'est pour les chiens savants.

Chacun de nous a vu présenter sur le terrain des chiens fort souples, obéissant au moindre signe, rapportant un œuf sans le casser, retrouvant le gant caché ou le mouchoir perché sur une branche, et, à la vue d'un lièvre, partant à fond de train, entraînant les autres chiens dans une chasse à courre hors de saison.

C'est le produit du dressage en chambre.

Nous ne saurions donc trop conseiller à ceux qui ne peuvent eux-mêmes diriger l'éducation de leurs chiens, de choisir un dresseur qui ait la facilité de conduire chaque jour son élève dans les champs et de lui faire voir le gibier.

Les grandes réserves anglaises si peuplées se prêtent mieux qu'aucune autre à ce dressage ; car, du nord au sud et de l'est à l'ouest, l'Angleterre est un pays giboyeux sagement aménagé et ayant une production constante et réglée.

Le major Hutchinson, que nous citerons souvent dans le cours de ce travail, dit que l'éducation du chien, loin d'être un mystère, est un art facile à acquérir quand il est basé sur des principes rationnels et poursuivi selon ces principes.

« Je pense, dit-il, que vous serez convaincu de cela si vous avez la patience de me suivre pendant que j'essaierai d'expliquer quelle est, selon moi, la méthode la plus certaine et la plus prompte de dresser vos chiens, soit que vous vouliez obtenir d'eux un dressage parfait et absolument complet, soit que vous vous contentiez d'une éducation inférieure. L'éducation du paysan et du collégien procède du même principe. Elle est plus ou moins perfectionnée.

« Selon vos aptitudes que vous connaissez, vous déterminez vous-même le temps que vous devez consacrer à votre instruction, et comme conséquence le degré d'excellence auquel vous aspirez. Je peux vous assurer que ma ferme conviction est qu'il n'y a pas d'autre moyen capable de vous faire atteindre le but que vous visez et de le faire promptement ; et, si je suis aussi affirmatif, c'est que cette conviction est basée sur une longue expérience acquise dans les différentes parties du monde que j'ai visitées et repose sur un sujet qui a été toujours ma préoccupation constante. »

Ainsi parle le major Hutchinson, considéré en Angleterre comme le plus compétent des chasseurs en matière de dressage de chiens (*on dog breaking*).

Le dressage du chien ne nécessite pas une longue expérience, mais une appréciation exacte du tempérament de celui dont on entreprend le dressage. Les uns, apathiques, volontaires, ont besoin de stimulants et d'être plus que d'autres soumis à une rigoureuse discipline avant d'être menés aux champs. Ceux qui sont nerveux, naturellement craintifs, doivent être au contraire encouragés.

Est-il nécessaire d'être un bon tireur pour dresser un chien ? Nous partageons en tous points l'avis du major Hutchinson, qui dit que cela n'est nullement nécessaire et qu'il pourrait même être admis en principe que de temps à autre on doit manquer devant le chien la pièce levée, parce qu'il peut arriver

qu'un jour nos nerfs soient en mauvais état, que nous manquions coup sur coup, et que notre chien, dégoûté, se décide à nous abandonner et à rentrer à la maison, comme cela lui était arrivé avec une chienne nommée *Comtesse*.

Nous nous souvenons d'un fait analogue.

Lors de nos débuts de chasseur, nous empruntions souvent au chenil paternel une merveilleuse chienne pointer nommée *Fly*. Nous la menions aux champs et *nous prenions d'elle* nos premières leçons. Elle nous démontrait qu'il faut, quels que soient la peine et le chemin à faire, chasser à bon vent; et cette démonstration, elle la mettait en pratique de la façon suivante. Si nous arrivions dans les champs à mauvais vent, elle faisait un long détour avec précaution au petit trot, s'assurant qu'elle ne laissait rien derrière elle, puis revenant sur nous en développant sa grande quête.

C'est ainsi qu'elle nous donna notre première leçon.

D'autres fois, si nous abordions un champ de sarrazin et qu'elle eût perçu les émanations de perdreaux, elle partait à fond de train le long de la bordure; car elle avait compris que, plaçant les perdreaux entre elle et nous, elle éviterait la fuite rusée de la compagnie jusqu'à l'extrémité du champ où elle serait partie hors portée.

Mais, hélas! toute médaille, quelque belle qu'elle soit, a son revers. Le maître habituel de *Fly*, mon père, était excellent tireur, et *Fly* était peu patiente.

Si l'émotion nous faisait trembler, si plusieurs fois ses arrêts splendides n'amenaient pas la chute de la pièce trouvée, *Fly* nous regardait du coin de l'œil. Notre émotion devenait plus grande, car nous comprenions le reproche, et cette émotion nous faisait infailliblement manquer encore. Cette fois *Fly* se retournait, nous regardait en face, mettait la queue entre ses jambes, prenait le trot, et regagnait la maison, se souciant aussi peu de notre sifflet que de nos supplications, imprécations et malédictions.

Il n'est donc pas nécessaire que le dresseur soit bon tireur, et le chien d'arrêt ne doit pas être habitué à se faire juge du plus ou moins d'adresse de celui qui le dirige.

L'une des qualités primordiales du dresseur est la patience et le sang-froid.

Châtier un chien qui ne le mérite pas ou brutaliser sans raison est une grosse faute. Il faut parler au chien gaiement et le mettre toujours en confiance. Que de fois nous avons vu des gardes ou des chasseurs faire porter à leur chien la peine de la faute qu'ils avaient commise et lui appliquer les coups de fouet qu'ils eussent mérités eux-mêmes!

Si vos occupations vous le permettent, soyez donc vous-même le dresseur de vos chiens, et ne doutez pas que le chien dont vous ferez l'éducation sera certainement meilleur, vous fera tirer plus de coups de fusil que celui que vous aurez confié à des mains étrangères.

Plus votre chien sera votre compagnon, meilleur il sera.

Nous rencontrons souvent des roquets de races inconnues, mélange inqualifiable des espèces les plus diverses employées par les braconniers, vivant de leur vie, partageant leurs repas et leur lit. Quelle merveilleuse intelligence, disons-nous, et que ces hommes sont habiles ! Leur secret est tout simple cependant. Ils vivent avec leurs chiens.

L'un des meilleurs chiens à bécasse que nous ayons rencontré était une sorte de loulou ayant la queue en trompette et une face de renard. Il appartenait à un braconnier breton qui l'avait dressé à cette chasse.

La déduction est facile, il nous semble :

Si le bâtard, si l'affreux roquet, si le chien, uniquement parce qu'il est chien, est capable par l'éducation et la cohabitation d'arriver à ce degré de perfection, quel autre résultat, quelle autre perfection il est facile d'obtenir en employant les mêmes moyens avec des chiens de races pures amenés à l'apogée de leurs qualités !

C'est en août ou septembre qu'il faut commencer à mener le jeune chien sur le gibier. A cette époque de l'année, avec le jeune chien, vous pouvez tirer du gibier. L'oiseau peu défiant se laisse arrêter,

et le chien peut approcher de lui à quelques mètres.
C'est alors qu'il faut lui faire prendre l'habitude de
ne jamais dépasser, dans son *approche du gibier, la
limite qui permet au tireur de se trouver toujours à
portée.*

Nous ne saurions trop insister sur ce point extrêmement important, et nous répondons ainsi à des
demandes d'avis que nous adressaient, il y a quelques mois, des chasseurs de pays couverts de vignes
rampantes, où la perdrix se défend à outrance et
multiplie ses ruses.

C'est une question fort controversée, nous disait-
on, que celle de l'emploi plus ou moins pratique
des chiens anglais dans les vignobles de l'Aunis, de
la Saintonge et du bas Poitou. On a surtout décrit
le pointer et le setter au point de vue des chasses
du centre de la France, des pays plats et boisés ou
des champs clos de la Normandie et de la Bretagne.

Dans une grande partie des contrées de l'Ouest
et du Centre, par exemple, la culture des céréales
est abandonnée graduellement, les bois sont défri-
chés, et l'on plante la vigne qui, dans certains cantons, couvre presque entièrement la surface du sol.
Le lièvre, la caille, la perdrix grise et la perdrix
rouge y vivent et y prospèrent, la dernière espèce
principalement. La perdrix rouge est donc le but
principal de la recherche du chasseur de ces contrées. Elle est d'autant plus difficile à chasser que
ses mœurs, ses allures et sa défense se sont modi-

6.

fiées avec la nature même des produits du sol qui lui servent de milieu et d'abri. C'est une immense plaine cultivée, légèrement ondulée, quelquefois coupée de petits bois et presque uniformément recouverte en septembre et octobre par les pampres de la vigne. Ce feuillage est impénétrable à l'œil des chasseurs. La perdrix rouge s'y sent bien cachée et de plus parfaitement libre de ses mouvements, car aucun obstacle sous le rideau de verdure ne s'oppose à sa course. Ce sont des arceaux naturels sous lesquels elle circule à son aise, de sorte que très rarement elle rencontre des espaces découverts où elle puisse prendre son vol, pas plus qu'elle ne trouve de buissons pour s'y blottir. La perdrix rouge effrayée piète donc sans relâche, et c'est son unique défense.

Telle est la difficulté sur ces terrains spéciaux.

Mais cette difficulté est facile à éluder.

Il y a, dans le travail du chien aux prises avec une pièce qui se dérobe, une combinaison ou plutôt une lutte des facultés intelligentes des deux animaux. L'une de ces intelligences est surexcitée par la peur, l'autre par la convoitise et tempérée par le dressage. A cette dernière de dominer la première.

Un chasseur de la Charente nous retraçait d'une façon précise ce genre de chasse tout spécial :

« Le chien est tombé en arrêt, nous disait-il : la perdrix, dont le sentiment l'a cloué sur place, s'est éloignée. Cette fascination qui a envahi tout son être, cette contraction de tous ses muscles, l'abandonne peu à peu; avec la liberté du mouvement, la conscience de ses forces et de son activité lui revient, et il lui faut retrouver cette pièce qui fuit et dont les émanations lui échappent maintenant : il reprend sa quête, le voici qui rencontre, mais la perdrix fuit encore devant lui; en vain l'intelligent animal tente-t-il par un savant circuit de lui couper la retraite, un brusque crochet a mis sa science en défaut, la rusée s'échappe à droite ou à gauche tandis qu'il la cherche dans sa première direction. Tout est encore à recommencer. La perdrix est bonne coureuse. Elle a gagné du terrain. Le chien reprend courage et quête vivement. Quelques indices le rapprochent de la fuyarde, sa recherche s'active, se passionne... il la retrouve enfin, mais fuyant toujours, trompant à tout moment sa sagacité, et ses efforts se multiplient derrière cette proie insaisissable. Son émotion, son impatience, s'accroissent avec les difficultés à surmonter et la durée de l'épreuve. »

La conclusion était celle-ci : « Le chien anglais, pendant ce long duel où chacun déploie tour à tour tant d'habileté, de prudence ou de tenace énergie, pourra-t-il maintenir toutes ses facultés dans un équilibre parfait, alors qu'elles sont si violemment surexcitées? Cette lutte véhémente entre l'impétuosité de son sang et cet instinct supérieur qui le

retient comme enchaîné à quelques mètres de la
perdrix, durera-t-elle aussi longtemps que se pro-
longera la défense de l'oiseau? Sa fermeté ne se
démentira-t-elle pas un instant? La vivacité de son
allure permettra-t-elle au chasseur de le suivre facilement pour être prêt à toute occurrence?... Enfin
cette brusquerie de mouvements particuliers aux
chiens de sang anglais (?), ces temps de galop d'un
arrêt à l'autre (?) ne produiront-ils pas au milieu du
feuillage un bruit intempestif? »

Nous l'avons dit, la difficulté est facile à résoudre.

La solution est donnée par le dressage et la patience qui doit conduire ce dressage.

Il faut que le dresseur ne traite pas d'égal à égal
son élève, qu'il le persuade, qu'il provoque ses réflexions et qu'il n'oublie pas qu'il lui appartient de
juger quel sens un animal non doué de raison peut
vraisemblablement attacher à chaque mot, à un
signe, voire même à un regard.

Nous l'avons dit, c'est en août et septembre qu'il
appartient au dresseur de confirmer le jeune chien
dans la fermeté de ses arrêts et de ne pas le laisser
s'endormir sur la piste. C'est en le poussant à se
maintenir toujours à une certaine distance du gibier
que l'on obtient la poursuite sage, modérée, et que
l'on évite les grands écarts auxquels le chien doit
se livrer pour retrouver la piste perdue. Toute
cette manœuvre doit se faire dans le silence le
plus absolu. Rien n'est plus effrayant pour le gi-

bier que la voix humaine; chacun le sait, mais l'oublie souvent.

Le silence dans le dressage, le silence pendant la quête, le silence toujours, tel est le grand secret d'approche du gibier et de formation d'un bon chien d'arrêt. Le dresseur devrait se faire bâillonner avant de partir dans les champs, mais je n'ai aucun doute sur la valeur de mon conseil. Que ceux toutefois qui voudront amener à bien l'éducation de leur futur compagnon évitent de le battre au coin du champ ou de le gronder en prenant leur grosse voix, car, si le gibier est proche, il sera en éveil et s'enfuira à la première démonstration d'hostilité.

Si vous voulez que les perdreaux entendent la détonation de votre fusil à bonne portée, il ne faut pas qu'ils entendent le son de votre voix.

Les plus célèbres dresseurs anglais disent qu'un bon dresseur ne doit se servir ni de fouet ni de sifflet. La persuasion, le développement des instincts par la douceur, tels doivent être les seuls auxiliaires de cet art.

Un chien ne peut être considéré comme complètement dressé s'il fait son arrêt avant de s'être assuré de la présence du gibier et s'il le quitte ou s'avance sans en avoir reçu l'ordre. Il ne doit pas plus, si vous lui demandez de rapporter le gibier tué, quitter sa place et aller le chercher sans votre autorisation.

La direction à donner à la quête est chose aussi

importante, car il est aussi préjudiciable en chasse d'avoir un chien qui use ses forces en battant et rebattant le même terrain que de le voir laisser non battue une partie du terrain.

Nous esquissons à grands traits les qualités que nous demanderons à notre élève avant de mettre en pratique ces théories.

Il est aussi important de n'adjoindre aucun chien à votre élève pendant son travail, avant qu'il soit parfaitement souple et obéisse' imperturbablement à vos signaux.

Que le lecteur veuille bien se souvenir des premières leçons d'obéissance données après le sevrage. Ce sont ces leçons qu'il faut répéter à satiété, et ne mener le chien aux champs que lorsqu'il les *sait par cœur*. Aucune méthode n'est plus simple que celle que nous avons indiquée. Le même chasseur des vignobles de la Charente auquel j'avais répondu et qui m'avait fait l'honneur de me demander mes conseils, vint me trouver un jour et me demanda de lui céder un jeune chien anglais de pure race. Je pus répondre à son désir et, tout dernièrement, il m'écrivait :

« ... Ce qui fait ma joie, c'est l'aptitude extraordinaire de ce jeune chien au dressage. Je le dis bien haut, dresser un chien comme celui-là, c'est un plaisir de tous les jours. Tout ce que j'ai voulu apprendre à mon chien, il l'a compris et exécuté dès la première leçon. J'ai employé invariablement votre ex-

cellente méthode du développement des facultés
de l'animal par les moyens doux et l'appât des
récompenses. Le fouet ne joue qu'un rôle d'épou-
vantail... »

Nous le répétons, ce n'est pas dans les champs
que doit commencer le dressage du chien : c'est au
logis, et il ne doit en sortir que parfaitement souple
et disposé à exécuter votre volonté sans raisonner
les ordres. Il nous est souvent arrivé de faire chasser en septembre, pendant une heure ou deux, des
chien nés en janvier, c'est-à-dire âgés de huit mois,
et d'avoir avec eux un aussi vif plaisir que d'excellents résultats ; mais ces chiens avaient été depuis
leur sevrage soumis à une discipline sévère. Les
élèves ne commettent alors en chasse que des fautes
dues à leur inexpérience.

Il nous semble inutile d'indiquer une grande modération dans le travail que l'on peut exiger de chiens
de bonne origine à cet âge si jeune, les espèces nerveuses étant toujours disposées à en *prendre trop*,
comme on dit. Une heure ou deux au plus par jour,
en septembre, sont largement suffisantes à la mise
en chasse de votre jeune chien.

Nous entrons maintenant dans la description pratique du complément au dressage avant la conduite
aux champs, et nous allons étudier ces systèmes
d'une application aussi facile que raisonnée.

Leçons à la promenade ou dans les champs.

C'est dans les champs que nous conduirons maintenant notre élève. Le voici gai, pimpant, avec toutes les exubérances de la jeunesse; mais aussi son œil intelligent qui se fixe sur celui de son maître, ses mouvements souples, soumis, sans avoir l'effarement de la crainte, sont la preuve certaine que les commencements de son dressage ont été bien dirigés.

Il suit son maître à pas comptés; mais que d'envies folles de partir à travers la campagne! que de mouvements nerveux font saillir ses muscles! Le maître, lui, contemple déjà son œuvre avec orgueil; il rêve maintenant l'avenir, les beaux arrêts après les recherches savantes, l'admiration de ses voisins, les sacs bien remplis, la gloire de son élève qui continuera celle de ses nobles aïeux; il montrera de l'humeur si quelque étranger veut parler à son chien, et il aura raison.

Le chien ne doit avoir qu'un maître, il ne doit avoir qu'un dresseur.

Si les méthodes sont les mêmes, le ton de la voix, les manières, les gestes seront différents et embarrasseront le jeune chien, et il est nécessaire que le cours qu'il suit ne soit entravé par aucun obstacle que l'on peut lui éviter.

Un chien qui a deux maîtres n'est jamais bien dressé, et son dressage est retardé. Ce dressage doit être notre œuvre entière, nous ne devons permettre à qui que ce soit d'y prendre part.

C'est vers cinq mois que nous pouvons mene notre jeune chien aux champs. Les uns sont plus précoces que les autres. Souvent la maladie retarde leur développement physique et intellectuel, et cette période fatale peut être très facilement modifiée ou atténuée par le régime. C'est un point capital à observer, car il est rare qu'un chien qui a eu la maladie d'une façon violente ne s'en ressente point toute sa vie. Sa constitution, ébranlée par les attaques nerveuses, reste longtemps dominée par des troubles qui l'empêchent de jouir de la plénitude de ses facultés, ce que l'on appelle : *se déclarer;* de là, le plus souvent, la cause de cette inintelligence de la chasse qui ne cesse qu'avec la disparition des symptômes maladifs. On dit alors que le chien *s'est déclaré tard.* Combien avons-nous vu de chiens de grande race qui, sans apparence maladive, semblaient dénués de toutes qualités natives, et abandonnés pour cette raison et sans raisonnement! La maladie, ce que les Anglais nomment *distemper,* agit sur les chiens d'une façon plus ou moins forte et affecte leur tempérament physique et intellectuel pour une plus ou moins longue durée, en raison directe de sa violence.

Nous n'avons pas le souvenir qu'un chien *bien né*

n'ait tôt ou tard montré les qualités de sa race. Certes, ces qualités, ainsi que nous l'avons dit plus haut, peuvent recevoir des atteintes par le contre-coup de celles qui ont affecté l'organisme, mais jamais au point de rendre un chien de pur sang impropre à la chasse.

Il est une autre remarque à faire. Certains chiens sont d'un développement plus précoce que les autres au point de vue de la chasse, et certainement les chiennes sont plus précoces que les chiens parce qu'elles *sont plus vite complètement* formées. Une chienne peut porter à neuf ou dix mois sans que sa constitution ait à en souffrir. Un chien ne doit pas remplir l'office d'étalon avant l'âge de deux ans et demi sous peine d'affaiblissement général de ses organes. Une chienne qui portera à dix mois donnera naissance à des sujets parfaitement organisés et vigoureux si elle a été saillie par un chien de trois à sept ans; mais, si elle a été saillie par un chien de son âge, ses petits seront toujours souffreteux et mal organisés.

Vous voilà dans les champs, le fouet sous le bras (un fouet de parade) et le sifflet pendu au cou.

Vous êtes seul. — Personne ne doit distraire votre élève.

Vous avez attaché à son collier une légère corde de 6 à 8 mètres.

L'une de vos poches contient un petit sac garni de quelque friandise. Arrivé sur le terrain, après

avoir fait coucher le chien, vous jetez au loin un
petit morceau de pain ou de viande, en faisant signe
du bras d'avancer.

Il se précipite. Vous le laissez faire et manger
gaiement ce que vous lui avez jeté. Puis, quelques
instants après, vous jetez encore *un morceau de
choix*, mais, au moment où il va l'atteindre, vous
dites doucement : *Tout beau !* en marchant sur la
corde attachée au collier ou en la prenant à la main.
En même temps, n'oubliez pas de lever le *bras droit*
perpendiculairement. Tenez-le dans cette pose deux
ou trois minutes et laissez-le prendre en disant à
voix basse : *Prenez !*

Répétez cette leçon plusieurs fois, et nous ne
saurions trop vous recommander de ne donner à
votre voix que la force nécessaire pour être entendu
du chien. Considérez que, dans les champs où vous
devez être désireux de ne pas effaroucher le gibier,
il faut ne pas l'effrayer par le bruit, et que le *commandement ne doit pas prendre son efficacité dans le
développement que lui donneront vos poumons.*

Que votre sifflet module aussi des notes peu
bruyantes et courtes. Rien du rossignol.

Lorsque vous aurez fait usage quelquefois de la
corde de retenue, vous trouverez votre chien ac-
compli : au simple commandement de *Tout beau !*
il s'arrêtera subitement de lui-même, et ne prendra
ce que vous aurez jeté qu'au second commandement de : *Prends !* Plus tard il s'arrêtera lorsque vous

lèverez simplement le bras droit perpendiculairement et ne prendra que lorsque vous l'abaisserez en
faisant signe d'aller en avant.

La gradation est facile à établir.

La première lleçon de la corde de retenue se
donne avec accompagnement des mots *Tout beau!* et
Prends! des gestes : le bras droit perpendiculaire,
et le même bras abaissé projeté en avant.

La seconde leçon se donne simplement avec indications par gestes. Si le chien fait une faute, secouez la corde et ramenez-le au point d'où il est
parti, jusqu'à parfaite obéissance, et *d'où il ne doit
partir que sur votre ordre.*

Lorsque vous lui avez commandé de s'arrêter au
geste du bras droit levé perpendiculairement, il faut
peu à peu l'habituer à rester en place, que vous
soyez ou non éloigné de lui, puis vous éloigner de
100 mètres, enfin l'obliger à ce qu'il conserve cette
posture jusqu'à ce que vous lui fassiez le geste *En
avant!*

Soyez sans crainte, son œil vous suit, et aussi
loin que vous soyez, à moins d'être à perte de vue;
il est trop désireux de prendre le morceau de viande
pour ne pas exiger de son regard toute l'acuité possible.

Quel sera le résultat de cette leçon?

Lorsque plus tard, en chasse, vous voudrez faire
un détour et placer le gibier entre vous et le chien
en arrêt, vous lèverez le bras droit perpendiculai-

rement, et le chien vous attendra tout autant que vous voudrez. Lorsque vous lui ferez signe d'aller en avant, il exécutera la manœuvre, de sorte que, placée entre vous et le chien, la pièce vous partira le plus souvent à très bonne portée.

Avec les chiens à grande quête, on arrive, lorsqu'ils sont bien dressés de cette façon, à tirer les perdreaux en décembre à distance fort raisonnable, ce qu'il est tout à fait impossible de faire en suivant un chien trottinant devant vous; car avec celui-ci le gibier, vous voyant en même temps que le chien et même bien avant, a pris une longue avance et est parti hors portée. Lorsqu'il se voit pris de deux côtés à la fois, il s'arrête, se rase, et ne part généralement qu'à distance de tir.

Quand le chien obéit bien, il faut *de temps à autre* ne pas faire usage de la corde de retenue, de façon que son ardeur à saisir ce que vous jetez ne subisse aucune interruption.

Nous avons indiqué la manœuvre du *bras droit élevé perpendiculairement,* qui signifie arrêt.

En levant le bras gauche de la même façon, le chien doit se coucher (le *down charge* des Anglais). Les éléments de dressage sont à peu près les mêmes.

Vous amenez votre élève près de vous, hors du terrain; et, lorsqu'il est près de vous, vous lui présentez une friandise en baissant graduellement la main *jusqu'à terre* et en ne le lui laissant prendre qu'au mot *Couché!* et en levant le bras gauche. Quelques leçons suffisent. Dès que le chien vous voit lever le bras gauche, il se couche subitement.

Exigez qu'il prenne une position absolument rampante, la tête appuyée sur ses pattes de devant. Tournez autour de lui, allez, venez, et ne lui laissez prendre l'objet de sa convoitise que lorsque, abaissant le bras gauche, vous lui ferez signe d'aller en avant.

Ne le laissez pas se coucher à moitié. Il doit être *écrasé*. S'il ne se couchait qu'à moitié, il serait enclin à partir trop vite, et il est d'un haut intérêt d'obtenir cet écrasement magnétique, si précieux dans le cours d'une journée de chasse pour plusieurs raisons que nous avons déjà signalées.

Exemple : Votre chien a fait une faute, vous voulez le gronder, et pour cela vous n'entonnerez pas d'une voix de stentor un concert de malédictions. Vous lèverez le bras gauche, votre chien s'écrasera, vous approcherez de lui et lui montrerez le fouet ou le lui passerez légèrement sur les côtes.

Votre chien revient à mauvais vent, — une compagnie de perdreaux est venue se placer entre vous et lui, et il va certainement la disperser ; — vous levez le bras gauche, votre chien s'écrase, vous faites un détour pour prendre à bon vent, ou vous marchez dessus en la tenant entre vous et le chien, mais nous préférons toujours tirer lorsque le chien a perçu les émanations du gibier.

Certains dresseurs ne donnent qu'une leçon et

se bornent à faire obéir et coucher le chien au signal de l'un des bras, mais il est si facile d'obtenir les deux actes d'obéissance, que c'est une négligence de ne pas se donner cette peine dont le résultat est d'une utilité réelle; car la première leçon, c'est l'arrêt naturel, la pose déterminant exactement l'endroit où est le gibier avant de le prendre, la pose naturelle du *chien d'arrêt*, prolongée artificiellement, et l'autre n'est que la forme exigée de l'obéissance canine que vous pouvez exiger de tous les chiens.

Nous avons vu un chien de berger, *Colley*, qu'un garde écossais avait dressé selon la méthode des chiens d'arrêt, en même temps qu'un petit terrier griffon. Tous deux pouvaient rendre de grands services à la chasse.

Nous ne saurions donc trop insister sur le dressage du *coucher* au signal du bras gauche, qui est l'assurance de son obéissance future.

Il faut toutefois mettre une interruption assez longue entre les deux leçons, car le chien confondrait et il est nécessaire qu'il fasse la distinction. Votre volonté d'obtenir de lui cette distinction développe en même temps ses qualités intellectuelles.

Si l'on songe à ce que les dresseurs de chiens savants demandent à leurs élèves, on trouve bien facile la tâche que l'on s'impose en cette occasion.

La promenade est un bon terrain pour dresser le

jeune chien à s'écraser, à votre signal du lever du bras gauche. Au moment où il s'y attend le moins, mettez le pied sur la corde (qui pour cet usage doit avoir 25 à 30 mètres et être longue et légère) en levant le bras gauche, ou donnez un léger coup de sifflet en faisant le même geste. S'il ne s'écrase pas comme foudroyé, secouez la corde et ramenez-le en arrière, à l'endroit où il aurait dû se coucher et obéir.

L'instantanéité de cette obéissance est de rigueur.

Lorsqu'il est ainsi couché, la tête sur ses pattes et que vous vous éloignez de lui, il ne faut pas lui permettre de bouger d'un pouce. S'il persistait, plantez un morceau de bois en terre, fixez-y l'extrémité de la corde et partez à grands pas : s'il s'élance pour vous suivre, la secousse le ramènera en arrière lorsque la corde sera tendue, et vous le ramènerez encore exactement à la place où il était couché, et, secouant la corde, répétez-lui le commandement de *Couché!* en levant le bras gauche.

Nous n'avons pas connu de chiens, parmi les plus violents, qui résistassent à cette méthode employée pendant quinze jours, et qui ne restassent pas absolument écrasés lorsque leur maître passait *même en courant* auprès d'eux.

Les dresseurs anglais ne sortent pas un chien du chenil, qu'il soit jeune ou vieux, sans lui faire répéter souvent cette manœuvre; car elle est la confirmation habituelle de la reconnaissance de la supériorité du maître, le criterium de la discipline à laquelle le chien doit se soumettre.

Il arrive souvent que le jeune chien hésite à se relever lorsque vous lui faites signe. Allez à lui, caressez-le, parlez-lui doucement, mettez-le en confiance : pour nous, cette leçon du *coucher* doit précéder celle de l'arrêt, et nous l'avons indiquée du reste parmi celles que l'on donne au moment du sevrage, leçons si précieuses dans leurs résultats.

Lorsqu'il est rompu à ces exercices, vous pouvez, pendant qu'il est couché, l'habituer à exécuter la même pose lorsque vous tirez le coup de fusil. Pour cela, brûlez d'abord des amorces, puis un peu de poudre, enfin amenez la détonation à son degré normal par une lente et sage graduation, mais prenez garde de lui faire prendre peur dès le début.

Nous ne saurions trop le répéter : la sélection a développé dans les races de pur sang le système nerveux à son paroxysme, et les moindres fibres de ces animaux de grande race vibrent d'une façon toute différente que celles des chiens lymphatiques ou bâtards.

C'est là le seul écueil. Nous le signalons, en indiquant combien il est facile de l'éviter.

Ne conduisez donc jamais votre élève en chasse avant qu'il soit parfaitement familiarisé avec les détonations.

Il arrive souvent que les jeunes chiens se familiarisent dès l'enfance avec le bruit du fusil, si leur

élevage se fait dans un centre de chasse où ils entendent dès leur premier âge les détonations. C'est
une exception que les chiens effrayés par le fusil,
lorsqu'ils sont nés chez les gardes.

Nous avons possédé un chien qui paraissait pris
d'une attaque de folie lorsqu'il entendait une détonation. Nos amis disaient qu'il était bon à pendre.
C'était le résultat de l'absurdité d'un garde qui l'a-
vait subitement effrayé. Nous confiâmes le chien à
un de nos parents, officier supérieur d'un régiment
de ligne, en le priant de faire amener le chien au
tir à la cible et de le faire approcher graduellement
de l'endroit où étaient placés les tireurs. Cette
prière fut mise à exécution. Tout d'abord le jeune
chien semblait effaré, puis étonné. A chaque détonation lointaine on lui donnait un petit morceau
de viande et on le rapprochait peu à peu sans qu'il
s'en aperçût.

Trois semaines après, le chien supportait non
seulement le bruit du fusil, mais ne s'effrayait nullement de celui du canon.

*Ne jetez jamais à votre chien la récompense que
vous lui donnez,* laissez-la-lui prendre doucement de
votre main et accompagnez-la d'une caresse. Comme
très probablement vous le dressez au rapport, vous
l'habituerez ainsi à avoir la dent douce.

Il vous sera facile, si votre chenil est un peu
nombreux, d'annoncer l'heure du repas en tirant
un coup de fusil. Cet avertissement lui sera ou de-

viendra très certainement un bruit fort agréable, mais il ne séparera pas de ce bruit ce raisonnement que tout d'abord il doit se coucher et vous verrez les divers sujets de votre chenil s'écraser tous en même temps.

Nous nous souvenons avoir visité un chenil du nord de l'Angleterre composé de chiens d'espèces très variées et où cette méthode d'annoncer le repas était employée.

Au moment de la détonation, tous les chiens se couchaient, non seulement les pointers et setters, mais tous les autres, terriers, beagles, colleys, etc., tant est grande la force de l'exemple sur la race canine.

L'accouplement du vieux chien et du jeune chien produit de très bons effets, et il est certain que la vue de la parfaite obéissance, de la confiance absolue, facilite au dresseur sa tâche d'une façon remarquable. Si vous avez un vieux chien parfaitement sage et doué de toutes les qualités de chasse, vous trouvez un grand avantage à le sortir souvent en compagnie de votre élève. Nous sommes persuadé, et quelques expériences nous l'ont démontré, que le chien timide perd sa timidité à côté d'un compagnon qui n'est pas soumis aux mêmes alarmes. On ne saurait enfin trop multiplier les plus minutieux détails de la discipline du chenil. Qui a vu une meute nombreuse de chiens courants a dû être étonné de la facilité qu'ont les chiens à se souvenir de noms

qui se ressemblent souvent et ont presque toujours
la même terminaison. C'est la preuve bien évidente
de leur finesse à distinguer les sons qu'ils perçoivent.
Il en est de même de gestes, et nous ne pouvons
trop dire que chez les animaux de pure race le dresseur se trouve, non pas en face d'une créature brutale et inconsciente, mais en face d'un merveilleux
instinct qu'il peut diriger à sa guise.

Volonté, sang-froid, patience à toute épreuve,
sont les qualités primordiales du dresseur. Lorsque
l'expérience s'ajoute à ces qualités, c'est la perfection.

Les facultés de l'ouïe et de la vue sont d'une
grande finesse chez le chien ; c'est en se persua-
dant bien que l'on peut demander presque l'impossible à ces facultés que l'on peut atteindre les résultats que nous indiquons.

La discipline du chenil est, nous l'avons dit, l'un
des éléments primordiaux du dressage. On le complète, lorsque l'on a plusieurs chiens, par de petites
manœuvres auxquelles les chiens s'habituent facilement et qui les forcent à cette obéissance passive
sans laquelle, à notre avis souvent répété, le bon
chien d'arrêt n'existe pas.

Les mauvais commencements, l'instruction négligée dans le bas âge, sont peu remédiables. Que de
chiens de bonne espèce avons-nous vus perdre leurs
qualités natives parce qu'ils étaient en de mauvaises
mains ! Le fait de courir après le chien qui vous dé-

sobéit, pour s'emparer de lui, est un exemple de fatuité ridicule aussi bien que d'inintelligence. C'est une fatigue gratuite qui n'a d'autre résultat que de prouver au chien notre infériorité sur lui et sa supériorité en tant que coureur.

Vous avez souvent, n'est-ce pas, assisté à ces scènes? Le jeune chien avait commis une faute, et, sans éducation première à la maison, gambadait, se souciant peu du sifflet et des appels répétés. Le sifflet modulait ses notes les plus stridentes, les appels devenaient de plus en plus bruyants, les injures succédaient aux appels, les menaces les plus violentes aux injures; puis pris de rage, le dresseur improvisé, furieux, prenait sa course et ne s'arrêtait qu'écumant et essoufflé, pendant que son élève s'asseyait gravement à quelques pas et considérait son soi-disant maître d'une façon narquoise. Le maître, lui, réfléchissait et combinait un traquenard. Assis, comme son chien, il tirait de sa poche une friandise et invitait par de douces paroles son partenaire à approcher. Le pauvre diable confiant et réjoui venait gaiement, mais, au lieu de la friandise, recevait une abominable raclée!... Nous avons vu d'autres dresseurs profiter de ce que leur élève savait rapporter ce qu'on leur jetait, pour jeter à quelques pas un objet quelconque en disant : *Apporte!*... et le chien, pensant que sa première désobéissance était oubliée, aimant à faire preuve de ses talents, obéissait : lorsqu'il arrivait près du maître, il se sentait vigoureusement pris par la peau du cou et recevait une large distribution de coups de fouet quand les coups de pied ne terminaient pas la correction!...

Le résultat obtenu? — Vous l'avez compris. — Le chien, devenu défiant, refusait d'approcher lorsqu'il avait commis une faute, et de rapporter jusqu'à portée de la main parce qu'il se souvenait de ce que lui avait valu son obéissance.

Si nous mettons sous les yeux des hommes de chasse qui nous lisent ces scènes de dressage, c'est parce que la plupart des chiens de pure race qui ne deviennent pas de bons chiens, n'ont cet insuccès en France que parce qu'ils sont confiés à des mains inhabiles.

Nous ne saurions demander du reste aux hommes que l'on décore du nom de *gardes* et qui le plus souvement n'ont aucune des notions de dressage, même les plus élémentaires, qui ne connaissent que le collier de force, la brutalité et le bruit, de parfaire l'éducation de ces tempéraments nerveux, si faciles pourtant à diriger.

La plupart des gardes en France sont ignorants du dressage, et ceux qui n'ont pas toutes sortes d'attributions en dehors de leur métier sont l'exception. Beaucoup sont en même temps cochers ou jardiniers. Bref, il n'y a aucun rapport entre la classe des gardes français et la classe des gardes anglais ou allemands qui, presque tous, sont dès l'enfance

éduqués en vue de faire ce métier, qui demande
un long apprentissage.

Le dresseur français, réellement habile (nous l'a-
vons entendu souvent dire par les chasseurs les plus
compétents), est tellement rare qu'il n'existe pas, et
nous nous souvenons avoir lu des pages écrites à ce
sujet par M. de la Rüe, concernant une École de
gardes forestiers, qui nous ont semblé le dernier
mot de la saine raison et de l'intelligence pratique
en cette matière.

Puisqu'il n'y a pas de dresseurs ou qu'ils sont
rares, dressons nos chiens nous-mêmes. Nous en
aurons plaisir et profit de toutes sortes.

Si nous avons plusieurs jeunes chiens, disposons
dans la cour leur nourriture dans de petits augettes
à différentes places. Chaque chien aura la sienne et,
au moment du repas, la longue corde attachée à
son collier.

Le bras est levé. Tous les chiens s'écrasent, la
tête allongée sur leurs pattes. Le maître prononce
un nom *Rock!* et *Rock* se lève, se dirigeant vers son
auge au signal de la main. Les autres sont appelés
successivement, et le repas commence. Il est inter-
rompu subitement par un nouvel appel nominal
d'un des chiens successivement envoyés à leur au-
gette. Il revient à sa place, est de nouveau envoyé
à son auge *ou à une autre* située à un autre endroit
que le geste lui désigne. S'il y a hésitation, la corde
fait son office selon les principes que nous avons

indiqués. On peut faire ainsi changer chaque chien de place une ou deux fois.

Nous avons toujours obtenu des meutes que nous avons possédées cette discipline parfaite dans la cour et tous nos amis ont vu trente ou quarante chiens assis, muets, dans un coin de l'enclos, sortir des rangs à l'appel de leur nom prononcé à voix basse et se rendre aux auges, puis reculer à un signal et revenir tous ensemble. Notre principe était celui-ci : Chaque chien d'une meute doit être dressé et avoir la souplesse du chien d'arrêt. Mais nous reviendrons à ce sujet lorsque nous étudierons les races de chiens courants anglais pouvant s'approprier à la chasse en France.

Lorsque le chien a reçu cette éducation dans l'enclos et qu'il manœuvre selon votre volonté, vous pouvez le mener aux champs, en promenade, il exécutera vos ordres; mais il est nécessaire de poursuivre votre œuvre chez vous.

Le chien est un animal imitateur par excellence. Je consultai un jour l'un des dresseurs de chiens savants que l'on rencontre souvent aux réunions de courses de chevaux en Angleterre. Il m'affirma que l'un de ses modes d'éducation préférés était l'éducation par imitation et que rarement il manquait son but. Le jeune chien, s'il est imitateur, est aussi observateur et il remarque d'autant plus la façon dont un vieux chien exécute son tour qu'il le voit récompensé pour l'avoir bien exécuté.

Lorsque votre jeune chien sera bien confirmé dans la discipline la plus scrupuleuse par les leçons précédentes, il faut prendre une friandise ou simplement un morceau de pain et le cacher. Puis appelez-le à vous et dites-lui : *Cherche!* en l'accompagnant et en ayant l'air de chercher minutieuesment vous-même. Cet instinct d'imitation que nous signalions tout à l'heure vous facilitera la tâche.

De votre main droite, vous lui indiquerez l'endroit où il doit chercher; et quand il aura trouvé, vous lui abandonnez sa trouvaille comme récompense.

Quelques jours se seront à peine écoulés que, lorsque vous lui direz : *Cherche*, il se mettra en quête joyeusement, et l'idée qu'il y a quelque chose d'agréable pour lui à trouver ne se séparera pas du terme de commandement.

Nous ne saurions trop indiquer que le jeune chien, *avant d'exécuter aucun des commandements*, doit être appelé près de vous et se coucher

Il est nécessaire de varier les placcs où vous cachez la trouvaille; vous pouvez la placer haut, sur une chaise, un banc du jardin, et c'est le moment de lui faire comprendre que les mouvements de votre bras droit sont l'indication de se porter vers là droite, et ceux de votre bras gauche de se porter vers la gauche. Il faut aussi lui apprendre que le memouvent du bras d'arrière en avant signifie de marcher devant vous.

Nous disions tout à l'heure qu'il fallait placer l'objet de ses recherches haut et nous signalions le banc des jardins. Nous omettions de dire que ces leçons peuvent se donner hors de la maison, avec d'autant plus de succès que l'on trouve facilement à placer cet objet sur une branche, dans un buisson, et qu'il vous est ainsi facile d'augmenter la distance de la recherche.

Votre élève sera toujours au guet et observera le mouvement de vos bras. Le but de cette leçon n'est pas de le faire trouver une friandise, *mais de le faire obéir, de le mettre en rapport direct et immédiat avec votre volonté.*

Lorsqu'il sera arrivé près de la cachette, vous lui dites brièvement : *Trouve!*

Il faut aussi parfois lui lancer au loin l'objet que vous voulez faire trouver. Dans ces cas, le mouvement de votre bras lui indique la direction. Son nez le guidera sûrement.

Si, pendant ses recherches, l'objet est entre vous et lui, il faut lever le bras et le faire coucher lorsqu'il se trouve encore à une certaine distance, puis lui faire signe de venir à vous. Je ne saurais trop appeler l'attention du dresseur sur cette manœuvre si simple, mais si utile à la chasse lorsque le gibier se trouve placé entre le tireur et le chien, et qu'il faut que ce dernier fasse un circuit pour ne pas le faire partir, ou qu'incertain sur la place où se trouve le gibier entre lui et son chien, le chasseur veut lui faire faire un détour, le ramener à lui et le faire prendre à bon vent pour reconnaître exactement l'endroit où il se trouve.

Lorsque l'on chasse au bois, l'avantage est aussi important.

Vous chassez le faisan et vous apercevez votre chien en arrêt près d'un épais fourré. Vous lui faites signe, ou, s'il ne voit pas, vous lui dites d'avancer alors que vous vous êtes placé dans une situation favorable, ou bien vous lui faites faire un détour, de façon qu'il place l'oiseau entre vous et lui, et qu'avançant sur votre ordre, il le fasse partir à bonne portée.

Il est donc fort intéressant de faire apprendre et *répéter souvent* cette manœuvre au chien, et par les gestes et par la parole, qu'il sache ce que vous voulez de lui. *Ne pas lui ménager les récompenses lorsqu'il aura réussi.*

Je résume cette leçon importante, divisée en deux phases distinctes.

Vous avez caché la friandise qu'il cherche et elle se trouve placée entre vous et lui. Vous levez le bras. Il se couche. Vous lui faites signe d'avancer jusqu'à ce qu'il trouve.

La friandise est cachée, il s'avance vers elle. Vous le faites coucher, et, du geste, vous lui indiquez d'aller à droite ou à gauche, puis, lorsqu'il est à une certaine distance, de revenir vers vous, plaçant ainsi l'objet entre le chien et vous. Le bras de nouveau levé, il se couche, et, graduellement, vous le faites venir et lui faites prendre la friandise.

Nous avons possédé des chiens qui exécutaient cette manœuvre par instinct.

Tous les chasseurs des forêts comprendront l'utilité de cette leçon, qui leur facilitera le tir à bonne portée et en belle place, aussi belle du moins qu'ils pourront la trouver, puisqu'ils la choisiront.

Votre chien devient donc peu à peu *d'une obéissance intelligente*. Ses yeux se reportent sans cesse sur vous, guettant vos gestes qui sont, il l'a compris, tout à son profit.

Il est bon, lorsque le chien approche de l'objet caché, de lui dire : *Doucement*, en faisant de la main droite un geste de précaution. Il comprendra bien vite que ce mot ou ce signal lui indique qu'il est près de ce qu'il désire prendre.

Surtout ne le trompez jamais.

Que vos signes soient aussi précis que possible, et que l'objet de ses recherches soit toujours en rapport avec sa convoitise, une réelle récompense, qu'il vous est facile de trouver dans votre cuisine.

Récompensez-le, faites-lui largesse lorsqu'il s'est bien comporté.

Grondez-le lorsqu'il manque à la discipline, et faites-lui recommencer vingt fois la même chose avec patience, s'il a manqué deux fois; mais vous verrez bien vite qu'il est bien plus sensible à l'appât des récompenses que peureux des gronderies ou des châtiments.

Nous avons dit qu'il fallait placer la friandise quelquefois sur un banc, un buisson, ou quelque endroit élevé. Lorsqu'il est en quête et approche, dites-lui : *Haut le nez !* ou : *Up!* terme anglais beaucoup plus court, qui signifiera pour le chien qu'il doit porter haut la tête et de ne pas chercher à terre.

Certains animaux ont une disposition naturelle à quêter bas : *on peut la modifier* en les faisant chercher le plus souvent des objets placés au-dessus de terre et les habituer à chercher la tête haute ; car plus le chien dans les champs quête en cherchant les émanations apportées par le vent et non celles laissées par la piste sur la terre, meilleure est sa façon de chasser. Sa chance est du reste beaucoup plus étendue de trouver le gibier lorsqu'il quête haut, et il l'approchera plus près que lorsqu'il le suivra à la piste.

Un bon moyen d'éducation à employer pour la quête est de traîner dans l'herbe le morceau de pain ou de viande que vous destinez à être trouvé. Indiquez-lui la quête dans cette direction et laissez-le-lui prendre. Augmentez peu à peu la distance et vous le verrez chercher lui-même à prendre le vent et se diriger le nez haut vers la cachette.

Pendant le cours de cette leçon il faut l'habituer à cesser sa quête au commandement et le faire coucher en levant le bras, ou donner un coup de sifflet et le faire revenir instantanément derrière vous.

Il faut aussi lui faire comprendre que le mot *Haut le nez!* si vous lui avez appris le mot *Up!* pour chercher haut, ou que le mot *Up!* si vous lui avez appris *Haut le nez!* pour un autre but, signifie que sa recherche est vaine. Pour cela, lorsque vous aurez fait la traînée sur laquelle il doit quêter, envoyez quelqu'un enlever le morceau de pain et faites-lui interrompre sa quête. *S'il persiste, laissez-lui se convaincre lui-même qu'il ne trouve rien quand vous l'en prévenez*, et plus tard il quittera sa quête à votre commandement. Le résultat de cette leçon est de lui faire abandonner plus tard, dans les champs, la piste d'oiseaux que vous auriez vus partir hors portée.

Une parenthèse nous semble ici nécessaire.

Les soins méticuleux que nous indiquons pour le dressage spécial du chien dans la maison, sans le mener en chasse, sont basés sur la longue expérience des meilleurs dresseurs anglais. Armstrong, l'un des plus célèbres, prétend que le chien ne doit être mené sur le gibier *que quand il est un vieux bon chien, au point de vue de l'obéissance.*

Si nous insistons sur ce point, c'est qu'il est contraire aux méthodes les plus usuelles, qui indiquent de mener les jeunes chiens le plus tôt possible dans les champs.

Nous avons apprécié les excellents résultats du dressage anglais, beaucoup plus prompt, beaucoup plus efficace que tout autre, et notre conviction est aussi établie que possible, relativement à ceux qu'obtiendront les hommes de chasse qui essayeront ce mode de dressage en suivant pas à pas, en décalquant, pour ainsi dire, les indications précises que nous donnons, sans en éliminer celles qui tout d'abord peuvent paraître inutiles ou fastidieuses.

Elles ont leur raison d'être.

L'enfant suit une gradation dans ses classes. Sans vouloir absolument comparer l'enfant au petit chien, bien que les points de comparaison soient le plus souvent identiques, qu'il nous soit permis de dire que le jeune chien de pure race doit faire ses classes, avant d'entrer dans la vie de chien de chasse.

Il sera facile à tous ceux qui s'éprendront de ce système, de le diviser en plusieurs leçons graduées selon l'intelligence ou les aptitudes de leur élève.

Que l'on nous pardonne de continuer la nomenclature, si aride, des *devoirs* que le professeur doit faire faire à son chien. Nous pourrions toutefois signaler les jouissances certaines que donne le développement des merveilleuses qualités des chiens de pur sang, à celui qui le provoque par ses leçons. Cette relation de l'intelligence humaine avec l'instinct a son côté philosophique et intéressant, et l'on pourrait faire une curieuse étude, au point de vue humain, de la grandeur des États, lorsque les forces intelligentes dirigent et dominent les forces instinctives, et de leur décadence, lorsque les forces

instinctives dominent les forces intelligentes. Mais
nous ne sommes ici ni pour philosopher ni pour politiquer.

Remettons donc notre petit fouet sous le bras,
fouet de parade, les friandises dans nos poches, et
allons chercher notre élève qui dort, dans sa grande
niche pleine de paille, du sommeil de l'innocence.

Le voilà réveillé, gai, et tout prêt à vous obéir.

Souvent, pendant que nous parcourons les plaines,
soit que nous soyons placés à mauvais vent, soit que
la chaleur soit excessive et les émanations presque
impossibles à percevoir, soit que le chien se fourvoie en arrêtant des alouettes, nous voulons le prévenir. Apprenons-lui donc que le mot *Attention!* signifie qu'il faut qu'il se mettre en garde contre une
surprise ou une tromperie de ses sens. Il est nécessaire que, chaque fois qu'il sera prêt à commettre
une faute, *vous prononciez ce mot en l'empêchant de
la commettre.*

Si vous voulez dresser deux chiens ensemble, c'est
le moment de leur apprendre à sortir accouplés. Il
est inutile, nous le pensons, de dire que cet accouplement ne doit provoquer aucune bataille, et que
les deux chiens doivent suivre, sans tirer, chacun
de son côté, sur l'accouple. C'est l'affaire de quelques jours.

Vous pouvez donc, dès maintenant, associer votre
élève à un autre qui aura pris à part les mêmes leçons. Ne soyez pas étonné de retrouver dans ces le-

çons, à l'intérieur, la même jalousie que vous re-
trouverez dans les champs, car ils seront jaloux de
trouver la friandise cachée comme plus tard de trouver le gibier. En combattant ces instincts à la maison et en les amortissant, vous aurez vaincu la plus
grande difficulté que vous auriez eue avec eux plus
tard dans les champs. On sait que rien n'est plus
désappointant que de voir un chien courir sur l'arrêt de l'autre, passer devant son compagnon, et finalement, pour satisfaire son amour-propre, faire
partir le gibier hors portée. Les chiens bien dressés,
à notre avis, doivent arrêter l'un sur l'autre, ce que
l'on nomme *à patron;* mais nous n'admettons pas
que le chien qui n'a pas trouvé le gibier reste à distance lorsque son compagnon est en arrêt. Il doit
s'en rapprocher graduellement et travailler avec lui
sagement à la recherche du gibier.

Voici un exemple.

Nous chassons les cailles. L'un de nos chiens
tombe en arrêt dans de hautes herbes ou des regains. On sait toutes les ruses de ce charmant gibier.
Il n'est pas de lièvre sur ses fins, de chevrette mal-
menée par la meute, qui soit plus rusé que la caille.
Elle multiplie ses allées et venues, fait des crochets
autour d'un brin d'herbe, se coule sous les ronces
comme une couleuvre, revient par la même passée
pour enfiler grand train un sillon et rejoindre un
autre fourré. Les chiens tombent souvent en défaut.
Il leur faut démêler, avec patience et une finesse

8

qui ne naît que de l'expérience, cet écheveau où
l'oiseau ne se reconnaîtrait plus lui-même, opposer
la ruse à la ruse, et finalement le bloquer dans sa
cachette. Nous assistions nous-même, hier, au
travail d'un setter et d'un pointer chassant ensemble les cailles. Quels admirables chiens ! quelle entente de la chasse !... *Rock* est tombé en arrêt, dans
de hautes herbes blanchies par l'été. La tête élevée,
il aspire les émanations et cherche à fixer la place
de leur départ. *Ruby*, qui quêtait dans le voisinage,
l'a aperçu, et son premier mouvement a été la stu-
péfaction. Elle a arrêté sur *Rock ;* puis, en rampant,
elle s'est approchée de lui, et alors a commencé la
poursuite. Disparaissant dans les herbes, complètement couchés, rampant le nez à fleur de terre,
les chiens suivent la caille dans les capricieux méandres de sa fuite. L'un retrouve la voie que l'autre
perd près d'un genêt. *Rock* retrouve le sentiment de
la fuyarde, que *Ruby* a perdu dans un sentier de
taupe. Enfin voici le champ nu. Elle va partir. Pas
du tout, elle est revenue voie sur voie. Après avoir
pris sagement les devants, par une quête d'une prudence tremblante, les deux chiens reviennent en
arrière et tout d'un coup, frappés d'une commotion
électrique, s'affaissent. La caille est là, au bout de
leur nez. Au milieu d'une touffe de bruyère rase nous
aperçûmes ses couleurs. Pauvrette, elle se décide à
partir, et les chiens se lèvent pour suivre du regard
son vol. Mais, en même temps que le coup de fusil

l'a arrêtée dans son essor, les chiens sont tombés à terre pendant que le grand retriever, qui a suivi derrière les talons avec un intérêt excessif toutes ces manœuvres, rapporte vivante la pauvre caille seulement démontée.

Qui de nous n'a pas eu à surmonter les plus grandes difficultés pour relever la caille après son premier vol? Ou elle s'est tapie sous l'herbe, ou elle a croisé ses voies et tout mêlé d'une telle façon, que les chiens un peu violents, non assouplis et non doués d'une grande finesse de nez, y perdent leur latin...

Mais voilà une longue digression pour dire que si l'arrêt du chien sur celui de son compagnon est une qualité à obtenir, si elle n'est naturelle, il faut que ce ne soit qu'*un temps d'arrêt* et que le chien vienne aider dans sa quête celui qui a trouvé le gibier.

Sinon, à quoi bon deux chiens?

Un chien de bonne race ne battra pas un champ sans percevoir les émanations du gibier. Deux chiens sont nécessaires, *surtout* dans les terrains couverts et coupés de haies, où leur travail peut se modifier l'un par l'autre et où leur aide mutuelle est sûrement efficace.

Pour apprendre à vos jeunes chiens ce mode de chasse, il faut jeter la friandise et nommer le chien qui doit aller la chercher, après avoir dit le *Tout beau*. Puis, quand il est près de l'objet jeté, vous le faites se coucher et envoyez l'autre le rejoindre, de façon qu'ils prennent la quête de la friandise presque ensemble. Lorsqu'elle est trouvée, vous récompenserez celui qui n'a pas eu la chance de la prendre par un équivalent. Vous assurez de cette façon le résultat voulu en chasse et n'aurez pas un chien comme nous en avons vu, qui passait son temps à épier l'arrêt des autres, à tel point que, si son compagnon s'arrêtait pour toute autre chose que la trouvaille du gibier, il arrêtait tout de même, il arrêtait toujours !... L'arrêt à patron si demandé, si recherché, n'est donc qu'une chose nuisible si le chien ne vient pas prendre sa part de travail et de recherche du gibier.

Si vous promenez vos chiens pour leur santé, pendant qu'ils se livrent à toutes les fantaisies de leur jeune âge, aux cabrioles et aux courses à fond de train, appelez l'un d'eux en lui disant *Derrière*, puis renvoyez-le jouer avec son partenaire. Quand le jeu est recommencé, avisez de même pour l'autre. C'est surtout pendant qu'ils sont animés, qu'ils sont en pleine effervescence, comme disent les Anglais, en train de *lâcher leur vapeur*, qu'il faut les forcer à l'obéissance.

Il nous semble inutile de nous appesantir sur les excellents résultats de ce système. Si vous chassez avec deux chiens qui n'ont pas été dressés ensemble, il est certain que l'un est meilleur que l'autre et que chacun d'eux a son terrain favori. En arrière-

saison, le gibier est fuyard, et souvent il vous sera
utile de laisser travailler seul le chien le plus sage
et de rappeler l'autre derrière vous.

Rappelons-nous que, pour obtenir ces résultats,
nous avons la corde attachée au collier, la corde
de retenue, notre auxiliaire indispensable, qu'il faut
employer, répétons-le, avec douceur, et sans inti-
mider le chien. Cette corde, employée avec persévérance, avec ténacité, remplacera les fouets les
plus sévères, et l'animal le plus sauvage ne résistera
pas à son emploi journalier.

Puisque nous parlons de cette corde de retenue,
disons qu'elle doit avoir de 12 à 20 mètres, selon
le degré d'obéissance du chien ; car plus il est soumis, plus on doit raccourcir la corde. Lorsque nous
donnerons nos leçons dans les champs, il faudra
avoir garde de ne pas fatiguer le chien avec une trop
longue corde, si nous chassons dans les chaumes ou
des terrains couverts. Chacun connaît la grosseur
des cordes à employer. Elles sont faites généralement de douze fils. Il est nécessaire qu'elles aient
cette grosseur pour ne pas se nouer.

Nous avons pour habitude lorsque nous préparons
nos chiens pour la chasse prochaine, — nous entendons les chiens déjà dressés, mais qui, pendant
l'été n'ont eu que les promenades nécessaires à leur
santé et à leur mise en condition de chasse, c'est-à-
dire d'haleine, — nous sommes habitué, disons-
nous, à sortir nos chiens les premières fois avec la

cordé de retenue et nous nous sommes toujours trouvé bien de cette précaution, qui les replace immédiatement sous notre domination et rappelle à leur mémoire les leçons de discipline.

Soldats des bois et des guérets, ayant vaincu les perdreaux et les lièvres, nous leur faisons faire leurs vingt-huit jours !...

Vous emmènerez donc votre jeune chien au dehors. — C'est la transition entre le dressage à la maison et le dressage dans les champs. — Ne lui ménagez jamais les récompenses et que vos poches en soient toujours bourrées. Une cuisinière qui aime les chiens et veut plaire à son maître chasseur, autrement que par la succulence de ses plats, ou se faire pardonner un rôti manqué, a toujours en réserve toutes sortes de friandises préparées et enveloppées de petits morceaux de papier.

Lorsque vous sortez votre chien :

Que ce soit toujours par le beau temps;

Évitez les temps pluvieux et froids.

Ne lui laissez pas faire de mauvaises connaissances et jouer avec les chiens errants ou qui ne sont pas dressés. — Ce sont de mauvaises relations, engendrant de mauvais exemples. Faites-lui comprendre que, s'il sort, *c'est pour chercher quelque chose*, et non pas pour gambader et courir à l'aventure.

Qu'il n'entre pas dans les champs avant vous.

La route que vous suivez doit être sa limite;

Le champ dans lequel vous entrez, celui qui lui est permis.

Dans les pays très ouverts comme la Brie, l'Oise, où les champs ne sont pas clos de haies, que les fossés soient considérés par le chien comme des limites au développement de son travail.

Qu'il ne quitte jamais vos talons en promenade que sur votre ordre.

Nous ne saurions trop insister sur cette dernière prescription, car le chien sera toujours tenté de prendre des libertés.

A chaque acte de désobéissance, que la corde de retenue fasse son office.

L'obéissance passive dans les petites circonstances vous assurera de la même obéissance aux moments graves de son dressage sur le gibier.

Lorsque vous lui aurez donné l'ordre de quitter vos talons, il est probable que le petit animal, plein de folle gaieté, se livrera à des gambades d'agneau, puis courra après une mouche, fera la chasse d'un papillon. N'en prenez pas ombrage. Qu'il cherche ou chasse quelque chose pour donner prétexte à accomplir vos volontés, le soumettre à la discipline, tel est votre but. Plus tard, lorsqu'il aura connaissance du gibier, soyez sûr qu'il laissera les mouches et les papillons tranquilles.

Plus il sera timide, plus vous devrez le laisser s'ébaudir.

Le moment viendra où les petits oiseaux lui paraîtront doués de quelque attrait et qu'il abandonnera les mouches pour les petits oiseaux.

Ce sera le moment de lui apprendre à prendre le vent et de lui laisser sa liberté dans les champs en marchant contre le vent et en le faisant quêter à droite ou à gauche, selon la direction que vous lui imprimerez par vos gestes.

Il faut donner ces premières leçons sur un terrain où vous soyez à peu près sûr de ne pas rencontrer de gibier, car l'excellence de sa quête, nous voulons dire sa manière de quêter plus tard, dépendra des principes que vous allez lui faire prendre au début.

A partir de ce moment, il faut, autant que possible, le mener une heure ou deux dans les champs, et bien nous convaincre qu'à cet âge seul on peut apprendre au jeune chien une bonne méthode de quête.

Si quelqu'un vient à vous pour causer, ou une raison autre, près de vous, arrêtez votre élève dans sa quête et faites-le venir derrière vous.

Vous pouvez parfois amener en promenade votre vieux chien, modèle de prudence, de finesse et d'obéissance. Si par hasard vous rencontrez des perdrix et que votre vieux chien en prenne la piste, laissez le jeune chien l'accompagner et l'imiter. S'il est de bonne espèce, il est bien rare qu'il ne tombe pas en arrêt.

Nous avons dit ce que l'instinct d'imitation produisait sur l'organisme du chien. Il est facile de prévoir les bons résultats que l'on obtiendra lorsque cet instinct s'associe aux qualités natives.

Il est donc convenu, n'est-ce pas, que la corde de retenue sera *notre bras droit*, et que nous ne punirons jamais le chien, ou du moins presque jamais, que par la privation des récompenses.

Rappelons-nous que son estomac est beaucoup plus sensible que son épiderme.

Des coups l'abrutiront, le rendront timide, lui donneront la crainte bestiale.

Des récompenses surexciteront son instinct, ses facultés.

La privation de ces récompenses lui sera extrêmement pénible.

Telle est la seule manière d'apprendre à votre élève les termes et gestes qui vous assurent plus tard un concours excellent lorsque vous serez en chasse.

Votre but n'est pas d'anéantir ses qualités expansives, sa vitesse, ses cours folles, MAIS SA VOLONTÉ, SON LIBRE ARBITRE.

Une secousse de la corde de retenue, une réprimande sur un ton élevé, telles sont et telles doivent être seulement vos moyens répressifs.

Plus il fera de progrès dans l'obéissance, plus il vous aimera, car plus vous le récompenserez.

C'est une déduction assurée et logique.

Il comprendra bien vite le terme que vous em-

ploierez pour le gronder, ou celui que vous em-
ploierez pour le féliciter.

Il est certain que ces leçons seront un stimulant
qui développera tous les germes intelligents que le
chien possède, que sa confiance en vous sera extrême, et chaque jour il comprendra qu'il est plus
capable de satisfaire vos désirs. Lorsque vous aurez
expérimenté cette méthode, il vous sera facile de
juger que nous sommes resté au-dessous de la vérité comme bons effets obtenus, et vous serez aussi
persuadé que nous le sommes que le chien est doué
d'une faculté de raisonnement indéniable.

Le dressage des setters, pointers, ou petits épagneuls de bonne origine, — j'entends ceux dont la
naissance sera affirmée par l'inscription de leurs
parents au Kennel Club stud-book anglais — sera
pour les hommes de chasse qui ont les loisirs nécessaires, un grand plaisir qui comportera ses résultats
non seulement immédiatement, mais plus tard.

Plus vous vous occuperez de votre chien, plus il
deviendra intelligent.

Donnez donc à son dressage tous les raffinements
possibles, et veuillez bien vous convaincre que si le
chien savant devient d'autant plus apte à apprendre
de nouveaux tours qu'il en sait plus, le chien de
chasse sera d'autant meilleur, quand il possède par
sa naissance les qualités de nez et de résistance,
que vous perfectionnerez davantage son éducation.

Dresser un chien selon cette méthode basée sur

l'observation et le développement graduel de toutes les facultés, *c'est un art*, et nous pourrions citer certains dresseurs anglais qui font métier de leur science et ne taxent pas moins de cinq à huit cents francs le dressage et la mise en chasse d'un chien d'arrêt.

Ceux-là sont les ordinaires vainqueurs de ces expositions anglaises, si précieuses dans leurs résultats, nommées *field trials*, ou essais de chiens dans les champs. Les chiens ayant affirmé leur généalogie sont admis à ces essais présidés par un jury composé de chasseurs reconnus maîtres en ces sortes d'appréciations.

L'animal est amené par son maître et dirigé par lui sur le terrain giboyeux qu'il a à parcourir. Les bons points et les mauvais sont inscrits, et le vainqueur est celui qui a montré le plus de qualités en chasse. Il devient alors chien de haute renommée et de grand prix. Nous pourrions citer le fameux setter Gordon *Lang*, père de *Ronald*, tous deux *champions* en Angleterre, vainqueur des essais de chiens à Shrewsbury en 1872, et dont le propriétaire, M. Lang, refusa 25,000 francs à la suite de ces essais.

Le temps a donné raison à l'appréciation des juges.

Non seulement *Lang* a été le premier setter gordon d'Angleterre, le *champion*, mais il est le père de *Ronald*, le champion actuel, père *aussi de vainqueurs aux expositions*.

Tel est le résultat de ce mécanisme si pratique d'expositions, et nous ne saurions mieux faire que de vous engager à rechercher vos élèves parmi ceux qui ont dans leurs ancêtres des chiens primés dans ces concours.

Du dressage au rapport.

Nous avons, dans les chapitres précédents, examiné différentes races de chiens et donné notre impression relative à la classe pratique selon le mode anglais, c'est-à-dire le plus souvent à l'aide de deux chiens, l'un arrêtant, spécialement destiné à la découverte du gibier, l'autre ayant la spécialité de le retrouver et de le rapporter. Nous avons décrit les belles espèces obtenues par les croisements soit pour la chasse en plaine ou au bois, soit pour la chasse au marais, et indiqué le choix que nous ferions dans l'un ou l'autre mode.

Il nous semble donc juste d'intercaler ici, dans notre travail, le dressage du *retriever*, parce que c'est le moment où nous devrons dresser au rapport notre jeune chien d'arrêt. Comme le dressage de celui-ci n'est pas utilement appelé au perfectionnement de celui du retriever, nous pourrons, à notre guise, ou dresser un retriever selon les règles, ou nous contenter d'appliquer au dressage de notre jeune chien d'arrêt les principes essentiels du dressage du retriever.

Le jeune chien, qu'il soit setter ou pointer, petit épagneul de n'importe quelle espèce, le chien est disposé naturellement à rapporter, et tous les jours nous voyons les gens de notre chenil s'amuser à faire rapporter aux petits chiens à peine sevrés ce qu'ils leur jettent. Les terriers eux-mêmes ne sont pas les moins heureux de ce genre de distraction et y prennent souvent part.

Il est donc facile, dès le jeune âge, d'apprendre à notre élève à rapporter et à remettre dans notre main toute chose *molle* (éviter de leur faire rapporter des objets durs) que nous laissons derrière nous et que nous avons déposée à un endroit qu'il aura observé en suivant derrière nos talons. Nous sommes en promenade, et le jeune chien nous suit. Nous jetons notre gant ou plutôt nous allons le placer avec lui en dehors du chemin, nous avançons de quelques pas et nous nous retournons en lui disant : « Cherche ! » et en lui indiquant de la main la direction. Bien que, dans le jeune âge, le chien, dont les gencives subissent continuellement une certaine irritation, éprouve toujours du plaisir à se servir de ses dents et de ses gencives, il arrive qu'il refuse de prendre le gant.

Il faut alors le lui mettre doucement entre les dents et le forcer de le retenir en le maintenant au moyen d'une pression sur les mâchoires et en lui

parlant et le grondant s'il continue à vouloir se débarrasser de ce qu'il a dans la gueule. Au bout d'un
instant, retirez-vous quelque peu en arrière en
tenant toujours votre main sous sa gueule afin qu'il
ne laisse pas tomber le gant, tandis que de l'autre
main vous l'attirez avec la corde de retenue, mais
sans saccades ni violence.

Laissez-lui quelque temps le gant dans la gueule,
une minute environ, afin qu'il n'abandonne pas trop
tôt ce qu'il tient, et ne le lui laissez pas abandonner
avant que vous ne lui ayez ordonné en disant :
« Doucement, donne ! »

S'il le laissait tomber avant de vous le remettre,
il faut le replacer dans sa gueule et le forcer à venir
vers vous quelques pas de plus, au bout desquels
vous lui faites donner selon le principe indiqué plus
haut.

Quelques leçons suffisent; votre élève viendra
bientôt seul vers vous, et vous pouvez faire précéder
ses repas de cette leçon. La faim est une maîtresse
qu'il faut souvent vous adjoindre pour rompre une
volonté trop obstinée.

Nous résumons donc ces premiers principes.

· Le chien devra prendre et retenir le gant.

Il devra l'apporter et venir à vous.

Il ne devra pas lâcher prise avant que vous ne lui
en donniez l'ordre.

Enfin, c'est dans votre main qu'il devra placer
l'objet rapporté.

Nous disons dans *vos mains* et jamais dans d'autres, car il arrive souvent que les jeunes chiens, heureux de montrer leur savoir, vont porter à n'importe qui ce qu'ils trouvent et prennent dans leur gueule.

Votre élève, qui est votre compagnon habituel, est bientôt tellement identifié avec tout ce qui vous touche que, si par mégarde vous laissez tomber quelque chose, il ramasse et vous suit en portant dans sa gueule ce que vous avez perdu.

Lorsque ces premières leçons auront donné le résultat voulu, il faudra augmenter graduellement la distance entre l'objet à chercher et le point de départ. Le chien arrive promptement, en revenant sur la piste que vous aurez suivie avec lui, à retrouver le gant ou le mouchoir caché par vous, scrutant tous les endroits par lesquels vous serez passé à une distance considérable.

Les leçons de rapport doivent être données souvent, mais il ne faut pas dégoûter le chien par de trop longs exercices. Il est nécessaire qu'il conserve comme toujours une bonne impression de ces leçons, et vous les terminez par une caresse et une friandise, qu'il aura méritées par un acte d'intelligence ou d'obéissance.

Il faut surtout ne pas le laisser abandonner ce qu'il rapporte et ne pas le remettre dans votre main. C'est là un point important, et nous avons souvent constaté des dressages imparfaits, qui faisaient que le chien, arrêté tout à coup par un obstacle placé entre lui et son maître, rivière ou haie à franchir, plaçait la pièce de gibier à terre et revenait sans elle. Il ne faut donc jamais ramasser vous-même ce que le chien doit vous remettre dans la main ou le lui remettre dans la gueule, il faut le lui faire porter un certain temps et faire donner dans votre main.

Certains dresseurs se bornent à faire rapporter aux pieds. C'est, à notre avis, une mauvaise méthode; car qui de nous n'a pas vu un chien, revenant avec un perdreau ou faisan simplement démonté et très vivant, le déposer à terre, l'oiseau partir à pied dans le fourré et ne plus jamais être retrouvé?

Nous ne saurions trop attirer l'attention sur la qualité de l'objet que l'on destine à être rapporté. *Il faut absolument qu'il soit mou.*

Une habitude détestable est de leur jeter des bâtons ou des pierres, ce qui est souvent fait pour les engager à aller à l'eau.

Ce dressage spécial demande aussi certaines précautions.

Il ne faut jamais jeter votre élève dans la rivière ou dans l'étang.

Choisissez un jour chaud, et, accompagné d'un chien qui soit dressé à cet exercice, rendez-vous près du bord de la rivière avec quelques croûtes de pain dans votre poche. Vous aurez eu soin de ne pas lui faire prendre son premier repas, afin que son appétit soit aiguisé.

Prenez de préférence un terrain très en pente, de façon qu'il ne prenne l'eau que graduellement, et jetez quelques morceaux de pain au chien dressé qui s'empresse d'aller les prendre et de les manger.

Pendant ce temps, votre élève contemple avec intérêt ce qui se passe.

Faites alors coucher le vieux chien, et jetez, en augmentant de mètre en mètre la distance, la croûte de pain, que le jeune chien ira bientôt chercher en se mouillant presque tout le corps. Puis, pour l'engager à la nage, jetez un peu plus loin l'objet de sa convoitise, et faites partir en même temps que lui le vieux chien, qui certainement s'en emparera le premier, mais au retour récompensez le jeune par une friandise de choix, et envoyez-le seul en recommençant l'exercice.

Il comprendra bien vite qu'il n'a qu'à faire mouvoir les pattes pour se diriger dans l'eau, et ira chercher au loin, très promptement, ce que vous aurez jeté, s'il sait que non seulement il trouvera dans l'eau quelque chose d'agréable, mais qu'au retour il sera récompensé.

Une balle de liège est un excellent auxiliaire de cette leçon dans l'eau.

La peau de lapin empaillée, munie d'une ouverture où l'on peut introduire des poids, est d'un bon emploi pour les leçons sur terre.

En effet, il faut que le chien s'habitue à lever des
choses lourdes et molles, telles qu'un lièvre qui
pèse de 8 à 9 livres, et, dans ce but, il faut charger
graduellement la peau de lapin qu'il doit rapporter.
Si le chien prend trop avidement et trop durement,
on peut introduire dans l'intérieur quelques branches d'épine qui le forceront à serrer moins fort;
mais nous pensons que le mieux est, lors des premières leçons de rapport, de laisser la main dans la
gueule en disant : *Doucement!* Il n'y a que pour les
jeunes chiens qu'on doit serrer juste ce qu'il faut
pour retenir le gant. Du reste, l'emploi des objets très
mous pour le dressage au rapport est la première
condition de dressage pour obtenir la *dent douce*.

Nous venons de décrire la première période de
l'éducation du retriever.

En Angleterre, en même temps que ces premières
leçons, on lui apprend à se coucher au lever du
bras et à exécuter toutes les manœuvres ordonnées
par gestes que nous avons indiquées pour le chien
d'arrêt.

Nous voici arrivés à la seconde période.

Si vous pouvez avoir une perdrix ou un faisan démonté et un lapin, auquel vous lierez les jambes de
derrière en ne laissant entre elles qu'un espace restreint, vous avez l'outillage nécessaire.

Par un beau jour, un temps propice aux émanations du gibier, soit un vent d'ouest ou de sud-ouest,
lâchez dans un champ d'herbes hautes l'une de vos

pièces de gibier sans que votre élève s'en aperçoive, ou faites-la lâcher par un compagnon que vous emmènerez dans ce but. (Un endroit clos est préférable.)

Amenez alors votre jeune chien à bon vent, et faites-lui prendre la piste en lui indiquait du bras là où il doit quêter. Il prendra cette piste chaude avec entrain et s'emparera de la pièce démontée.

Il est aussi important que le chien suive de l'œil la pièce que vous tirez, et cela est surtout nécessaire pour la chasse au bois, dans les taillis ou les hautes herbes du marais. Pour arriver à ce but, et comme leçon d'observance du vol et de la chute des oiseaux, les dresseurs anglais font de distance en distance des trous en terre où ils cachent un pigeon qu'ils recouvrent d'une planchette chargée d'une pierre. A la planchette est attachée une ficelle.

Ils arrivent sur le terrain avec un jeune garçon, leur fils le plus souvent, qui prend les leçons de son père en même temps que le jeune chien. (Nous recommandons aux pères qui veulent faire de leur fils un homme de chasse, ce système d'apprentissage.)

Lorsqu'ils sont à distance, le jeune garçon tire la ficelle, la pierre tombe, la planchette se déplace, le pigeon part, est tiré et tué, et le chien qui l'a facilement suivi de l'œil, court le chercher sur votre ordre. S'il est blessé, cela est encore une raison de rendre la leçon plus profitable.

Lorsque vous élevez des perdreaux ou des faisans, vous pouvez employer avec beaucoup plus de raison ces oiseaux que les pigeons, et d'autant plus que lorsqu'ils ne seront que blesssés, votre jeune chien pourra prendre la piste et la suivre longtemps avant de s'en emparer. Pendant ce travail, laissez-le absolument se diriger selon son instinct. Pas un mot, pas un signe ; à lui de démêler les voies ; votre aide ne saurait qu'être défectueuse, car il possède un sens développé que vous n'avez pas, celui de l'odorat, et l'eussiez-vous qu'il apprendrait à compter sur votre secours lorsqu'il serait dans l'embarras.

Nous avons connu, en Irlande, un vieux garde-chef qui obtenait, dans son dressage des retrievers, des résultats excellents comme promptitude à rapporter. Ses chiens revenaient au galop, qu'ils portassent un lièvre ou un bécassine. Son secret était fort simple à découvrir ; il me le céda pour une pipe réprésentant une tête de zouave, qui faisait son admiration. Il avait tout bonnement dans son carnier de petits morceaux de viande séchée, qu'il ne manquait pas de donner lorsque le chien lui avait remis la pièce, tuée ou blessée, dans sa main. Jamais un de ses chiens ne s'arrêtait fatigué pour poser le lièvre à terre. L'espoir de cette succulente viande racornie le faisait revenir grand train.

Continuons longtemps cette pratique des récompenses avec nos jeunes chiens, et au début de chaque saison, lorsque nous mettons nos chiens en chasse, ne les ménageons pas et cessons-en l'emploi graduellement.

Les retrievers sont dressés ou à partir sans ordre sur la pièce tombée, ou à se coucher au coup de fusil et à ne partir que lorsqu'ils en reçoivent l'ordre. Il est certain que leur rapidité à se trouver où la pièce est tombée leur facilite la tâche, mais nous préférons ceux qui ne partent qu'au commandement pour deux raisons : la première, c'est qu'il arrive souvent en chassant au bois que le chien n'arrive pas juste à la place voulue et qu'il est préférable de le mener à cette place que vous distinguez toujours mieux que lui. En plaine, vous pouvez le faire partir tout de suite, et pourtant il arrivera souvent, en chassant dans un couvert en septembre, que vous préférerez garder votre chien près de vous, sachant que d'autres oiseaux sont dans ce couvert et qu'il les ferait partir en allant chercher la pièce tombée. — La seconde raison est qu'il est de fort mauvais exemple pour le setter ou le pointer de voir le retriever partir sans ordre et agir à sa guise sans se coucher au coup de fusil. Enfin, un chien qui court sur le coup, rend souvent impossible de doubler si la pièce n'est que blessée.

Nous conseillons donc d'effacer à l'avance les regrets que pourrait causer une pièce perdue, et de maintenir dans les rangs de nos chiens la plus sérieuse discipline.

Terminons cet examen du dressage des retrievers qui s'approprie au dressage au rapport de tous les chiens d'arrêt, en disant qu'à notre avis un retriever ne doit être ni trop grand ni trop petit, mais avoir la taille et la force nécessaires pour rapporter un lièvre dont le poids sera le maximum de sa charge à porter. Ils ne doivent jamais donner de voix sur la piste. Leur robe doit être épaisse pour pouvoir facilement entrer au fourré et braver les eaux froides de l'hiver en chassant au marais.

Lorsque notre jeune chien a reçu les leçons préliminaires indiquées dans les chapitres précédents, il apprendra bien vite les leçons du rapport, et, son nez étant excellent, il saura retrouver les pièces blessées. L'expérience fera le reste.

Nous ne saurions douter que les espèces de chiens anglais, pointers ou setters, qui ont été dressées au rapport pendant plusieurs générations, contractent plus facilement l'habitude du rapport, qu'elle naît pour ainsi dire avec eux. En fait, meilleur est le nez du chien, meilleur est son rapport; sagacité, bon caractère, intelligence prompte, désir d'apprendre, toutes ces qualités se transmettent et se modifient par la sélection dans les espèces et le dressage. Les instincts sont héréditaires, mais ils s'améliorent à chaque génération, et les chiens anglais actuels sont bien supérieurs à ceux qui existaient il y a vingt ans.

Ne dégoûtons pas les jeunes chiens tout d'abord

en voulant leur faire rapporter des espèces de sauvagine qui leur répugnent.

Que l'exercice du rapport soit pour eux, comme
celui de la recherche de la friandise d'abord et du
gibier ensuite, une récréation et un plaisir.

Et notre *delenda Carthago* sera toujours *tout pour
la récompense* et *par la récompense*.

Si le chien spécial, le *retriever*, est généralement
employé en Angleterre, où le pays très giboyeux,
sagement aménagé au point de vue de la reproduction, nécessite l'emploi de plusieurs chiens, nous
devons toutefois signaler un fait assez curieux. Depuis vingt ans environ le dressage des pointers et
des setters au rapport prend de l'extension, et les
retrievers ne sont, la plupart du temps, employés
que par les propriétaires de réserves considérables,
ayant à leur disposition des gardes nombreux, et
parmi ceux-là un] dresseur émérite, capable de
maintenir la stricte discipline, ou par les chasseurs
méticuleux qui n'admettent pas que le chien d'arrêt touche au gibier.

Le retriever est aussi fort employé pour les chasses en battue. On peut se faire une idée du gibier
perdu, lorsque le lendemain d'une chasse on suit un
garde anglais faisant manœuvrer *à bon vent* son retriever et le lâchant dans les bois qui ont été explorés la veille. Le faisan démonté et qui s'est coulé
sous les ronces des fossés, le lapin éclopé, le lièvre

qui a reçu du plomb dans le corps sans avoir les membres attaqués, tous ces pauvres invalides, tous ces misérables agonisants sont ramassés par le retriever. Il est constant que 15 ou 20 pour 100 des pièces tirées, blessées et non retrouvées par la ligne des rabatteurs, sont retrouvées le lendemain ou le soir de la battue par les retrievers.

L'emploi de ces chiens ne peut qu'être fort utile à ceux qui l'hiver chassent avec des rabatteurs.

Le retriever est aussi un excellent auxiliaire des petits épagneuls clumbers.

Le petit épagneul clumber, blanc et orange, qui tire son nom du château du duc de Newcastle, est, on le sait, fort employé pour la chasse du faisan. Lorsque nous étudierons le dressage des petits épagneuls, nous indiquerons ce mode de chasse avec détails, cette battue faite sans rabatteurs. Le retriever placé derrière son maître est le complément du clumber.

Mais revenons à notre dire concernant le dressage au rapport des setters ou des pointers.

Il est certain que ce dressage est et restera en France, à notre avis, avec raison, le mode le plus usité.

Un chien peut faire toute la besogne et simplifie les difficultés de déplacements en voitures ou en chemins de fer.

Quel est le chien qui, par son espèce, sera le plus apte à rendre tous ces services?

Tout dépend de la nature du terrain.

Si votre contrée est marécageuse, boisée, si les couverts épineux s'y multiplient, si les ajoncs, les ronces, garnissent les fossés, le setter, avec ses longues soies, sera préférable.

Si le pays est clair, les plaines étendues, choisissez le pointer.

Et puis, avant tout, que votre goût vous guide. Nous avons vu des pointers se tirer merveilleusement d'affaire au bois et au marais, et nous n'entendons pas vous inféoder à nos préférences pour les setters.

Il est toutefois certain que l'un est plus que l'autre le chien du fourré et des chasses d'hiver.

Nous estimons que les retrievers n'égalent que bien rarement l'habileté d'un chien d'arrêt de bonne race bien dressé au rapport. Leur finesse est moins grande, cela est hors de doute, pour retrouver les oiseaux blessés, mais leur force pour rapporter un lièvre qui est allé succomber à un quart de lieue, est supérieure à celle du chien d'arrêt que de pareilles poursuites rendent souvent coureur.

Nous mettons, on le voit, le pour et le contre sous les yeux du lecteur, pour qu'il en tire des déductions personnelles.

Il est donc entendu que nous dressons notre jeune setter ou notre jeune pointer au rapport.

Pendant la première saison, notre but sera surtout de rendre notre élève souple. Telle est du moins la méthode anglaise en ce qui concerne le dressage au rapport des setters et des pointers, On laisse le *jeune chien se confirmer dans ses qualités de chasse et devenir un très bon chien ne rapportant pas avant de le soumettre à ce nouveau dressage.* Il aura parfaitement remarqué que vous mettez dans votre carnier les pièces que vous tuez ou qu'il retrouve blessées en les suivant sur votre indication, jusqu'au moment où vous les lui prenez sous le nez.

Le grand avantage que l'on trouve à laisser se passer la première saison sans faire rapporter le jeune chien d'arrêt est de rendre son obéissance absolument passive et de l'empêcher de courir après le gibier, ce qui est presque inévitable quand on veut mener de front le dressage, l'apprentissage de la quête et le rapport. Pendant la première saison, vous aurez même de la peine à le faire rester en place au coup de fusil quand il verra la pièce tomber, habitué qu'il est à aller chercher ce que vous aurez jeté. Plus tard le moindre encouragement lui fera prendre avec joie le gibier quand vous lui en aurez donné l'ordre. Le dressage au rapport ne sera qu'un jeu pour lui, et un jeu plein de jouissances qui développeront ses instincts de chasse au superlatif.

A notre avis, lorsque l'on chasse avec deux chiens d'arrêt, le mieux est de dresser l'un des deux au rapport et *non tous les deux*, sinon vous arrivez à exciter l'émulation pour aller chercher la pièce, ce qui est mauvais au début et mauvais à la fin ; car, s'ils tombent ensemble sur le faisan ou le lièvre, le désir qu'ils auront de vous être agréable pourra bien faire qu'ils vous rapportent chacun leur moitié. Il est aussi facile de comprendre que la vue d'un compagnon voulant, lui aussi, rapporter la pièce tuée, fait serrer les dents à celui qui la tient dans sa gueule, et cette impression nerveuse, dont on ne peut le blâmer, lui rend malgré lui *la dent dure,* la pire des choses, à notre avis.

Nous avons vu souvent dans le sud de l'Angleterre, en Dorsetshire, où le dressage des chiens d'arrêt au rapport est assez usuel, plusieurs chiens dressés au rapport chasser ensemble et le dresseur faire rapporter la pièce à celui qui l'avait trouvée, pendant que les autres restaient couchés après le coup de feu. Mais, pour entretenir les chiens aussi souples et disciplinés, il faut y consacrer une partie de son temps, avoir de nombreuses occasions de les exercer sur un terrain bien peuplé, et nous pensons que peu de chasseurs auront à la fois cette patience et le pays giboyeux dont nous parlons à leur disposition.

En résumé, on peut obtenir des chiens *ce que l'on veut* et perfectionner leur dressage au point d'en faire des chiens savants ; mais si nous n'en voyons pas l'absolue nécessité, nous en comprenons la grande difficulté, surtout s'il faut les maintenir dans un pareil état de soumission en chassant avec d'autres chiens, beaucoup moins bien disciplinés, ce qui sera souvent le cas. En Angleterre, on ne sort que rarement plus de deux chiens devant soi, et la chasse *en ligne*, avec le chien devant chaque chasseur, est inconnue. Il est donc beaucoup plus facile de maintenir le dressage dans sa parfaite rectitude.

Nous conseillons, lorsqu'une pièce est blessée, de mettre une grande persistance à la faire retrouver au jeune chien. S'il revient sans elle, faites des cercles en les élargissant toujours, ne négligez de battre aucun buisson, aucun fossé, et, si vous arrivez à la retrouver par votre travail combiné avec celui de votre élève, sa confiance en vous deviendra bientôt sans bornes, et ses recherches deviendront dans l'avenir d'autant plus persistantes.

Il nous semble inutile d'indiquer que les chiens savent parfaitement distinguer la piste d'un oiseau blessé. Les émanations sont, paraît-il, très différentes, puisqu'un chien traverse un couvert où se trouvent d'autres oiseaux non blessés, sans s'occuper d'autres pièces que de celle qu'il sent blessée et qu'il veut rapporter à son maître. Nous écririons un volume sur les traits d'intelligence que nous avons admirés chez les chiens d'arrêt dressés au rapport ou les retrievers. Bien des chasseurs ont vu, comme moi, le chien qui revenait avec une perdrix morte dans la gueule tomber en arrêt devant une autre vivante.

Le fait de la différence d'émanations entre le gibier blessé et celui qui ne l'est pas est incontestable. Qui de nous n'a remarqué que la difficulté d'arrêter un chien qui court après une pièce blessée est beaucoup plus grande que de le faire revenir alors qu'il s'emporte après son arrêt, et, lorsque nous avons l'habitude des façons de notre chien, combien promptement nous nous apercevons à sa manière de prendre la piste que la pièce est plus ou moins blessée? C'est surtout sur les lièvres que cette différence est sensible. Nous possédons un retriever, qui ne fait pas vingt foulées de galop sur le lièvre que l'on *croit* blessé et qui ne l'est pas, mais qui ira à 3 kilomètres chercher celui qui aura reçu quelques grains de plomb.

Il faut que le chien et le chasseur travaillent avec ensemble et avec une confiance mutuelle, et qu'*ils se comprennent* partout et toujours. Nous avons vu des dresseurs exiger que leurs chiens ne touchent à la pièce tombée et ne la rapportent qu'après s'être couchés près d'elle et l'avoir eue sous le nez. Mais cela n'est bon qu'au début, comme l'un des moyens d'assouplir et de discipliner le chien. A notre avis, si nous dressons notre élève au rapport, il faut éviter de ne pas lui donner une certaine inititive dès que son obéissance est parfaite.

Évitons aussi d'exiger de notre chien des choses trop difficiles, et combinons notre plan de façon que nos ordres amènent presque toujours le résultat que nous désirons, c'est-à-dire le succès de la manœuvre.

Nous terminons cette étude du dressage au rapport en parlant de la chasse au marais et des leçons qui doivent être données aux chiens d'arrêt destinés à être employés à rapporter la sauvagine.

Il est certain que beaucoup de chiens n'aiment pas l'odeur des oiseaux d'eau, et que le plus sûr moyen de leur faire prendre ce gibier dans leur gueule est de les mener avec un vieux chien qui leur en donne l'exemple. Il est toutefois une difficulté qui surgit souvent dans le cours de la chasse au marais, où l'on est souvent en présence de bandes d'oiseaux aquatiques, au milieu desquelles on envoie un coup de fusil. Si plusieurs oiseaux sont tombés, le jeune chien ira de préférence à ceux qui restent immobiles sur l'eau pour les rapporter. Pendant ce temps-là, les blessés s'éloigneront du rivage et gagneront les fourrés de joncs ou le plein courant de la rivière. Il est donc nécessaire d'apprendre à votre élève de préférer immédiatement la poursuite de la pièce blessée à la prise de la pièce tuée et, pour obtenir ce résultat, on peut le mener près d'un étang où préalablement on a envoyé dans un panier deux ou trois canards domestiques auxquels on a lié les doigts d'une patte, ce qui ralentit énormément la vitesse de leur fuite. Arrivé sur le bord de l'eau, il faut détourner l'attention du jeune chien en le faisant quêter à droite pendant que l'on

tire à gauche, en faisant jeter au loin les trois canards. La détonation aura éveillé l'attention du
chien, et vous lui montrerez les canards à la suite
desquels il se mettra. Il est bon de choisir une eau
peu profonde qui vous permette d'entrer avec lui en
l'excitant à cette recherche. Puis vous tuez l'un des
canards qui reste immobile, et vous empêchez le
chien d'y toucher avant qu'il ait repris les deux autres. En choisissant une pièce d'eau de peu d'étendue, où vous serez sûr de pouvoir donner cette leçon d'une façon convenable, le succès sera assuré,
et vous pouvez être absolument sûr que, lorsque
vous chasserez réellement au marais, votre chien,
à qui vous indiquerez la direction prise par la pièce
blessée, ira tout d'abord dans cette direction, laissera sur place la pièce restant immobile sur l'eau, et
ne la prendra qu'après avoir complètement perdu
la trace de l'oiseau blessé ou vous l'avoir rapporté.

Nous ne saurions trop insister sur les soins à donner aux chiens destinés à la chasse d'eau, surtout
aux jeunes chiens, lorsqu'au retour au logis ils ne
sont pas admis au feu de la cuisine ou à votre foyer
personnel. Les douleurs, les rhumatismes, s'em-
pareront bien vite de votre chien, juste à l'âge où
son savoir, son expérience, vous eussent été si précieux. Lorsque nos chiens rentrent mouillés, ils
sont immédiatement frottés avec de forts bouchons
de paille et ensuite avec de la grosse toile, de sorte
que le poil perd son humidité. Souvent, en hiver,

ils ne rentrent dans leur niche qu'après une station devant un bon feu. Que voulez-vous? ces soins, qui paraîtront peut-être inutiles au chasseur rustique qui traite son chien *militairement,* comme il dit (car il prétend que la fatigue et les intempéries fortifient son tempérament [?] et qu'il ne faut pas rendre le chien douillet), sont pourtant nécessaires si vous ne voulez pas abréger la durée des bons services que vous attendez de votre compagnon. Si nous avons décrit si minutieusement les différentes phases du dressage au rapport, c'est parce que les résultats obtenus par le système que nous préconisons sont acquis depuis longtemps en Angleterre, et que nous n'en avons encore vu en France qu'une application restreinte parce qu'elle était ignorée. Déjà pourtant quelques chasseurs, qui nous avaient vu à l'œuvre, ont entrepris et mené à bien cette tâche si facile et si féconde en bons effets.

Le succès est *assuré,* qu'on le sache bien, en suivant cette méthode, et nous espérons que les chasseurs qui liront ces lignes tenteront au moins un essai, en mettant de côté les instruments de torture pour ne demander qu'à la douceur, à la patience, le moyen de se mettre en communication avec l'intelligence de leur élève et obtenir le résultat final.

De la quête.

Il est donc entendu que les premières leçons de quête que nous donnons à notre élève sont raisonnées au point de vue de la battue du terrain et que nous débutons par FAIRE NOUS-MÊMES les angles nécessaires pour que cette battue soit complète. L'initiation à ce travail est peut-être la partie la plus difficile du dressage du chien d'arrêt et celle qui, à tort, est le plus négligée. C'est pourtant de la quête du chien plus ou moins bien dirigée que dépend le plus ou moins de succès en chasse.

Afin que nos définitions soient plus facilement comprises, nous établissons ici un petit tableau descriptif de la première leçon de quête qui est en même temps le plan de toute quête *utilement* faite.

Le chasseur est entré dans le champ au point A. Le vent vient du point B ou du côté N ou du côté O, c'est-à-dire que le chien aura le vent devant lui ou sur le côté. Il faut que sa quête mette toutes les bonnes chances de notre côté... Le champ que nous battons est un champ entouré de clôtures, haies ou talus; car, si nous étions en rase campagne, nous pourrions toujours prendre la meilleure orientation du vent, c'est-à-dire le vent venant du point B, perpendiculairement à nous.

Le chasseur A fait donc signe du bras à son chien de partir, et lui fait successivement décrire les angles jusqu'au point E. Il est facile de remarquer que,

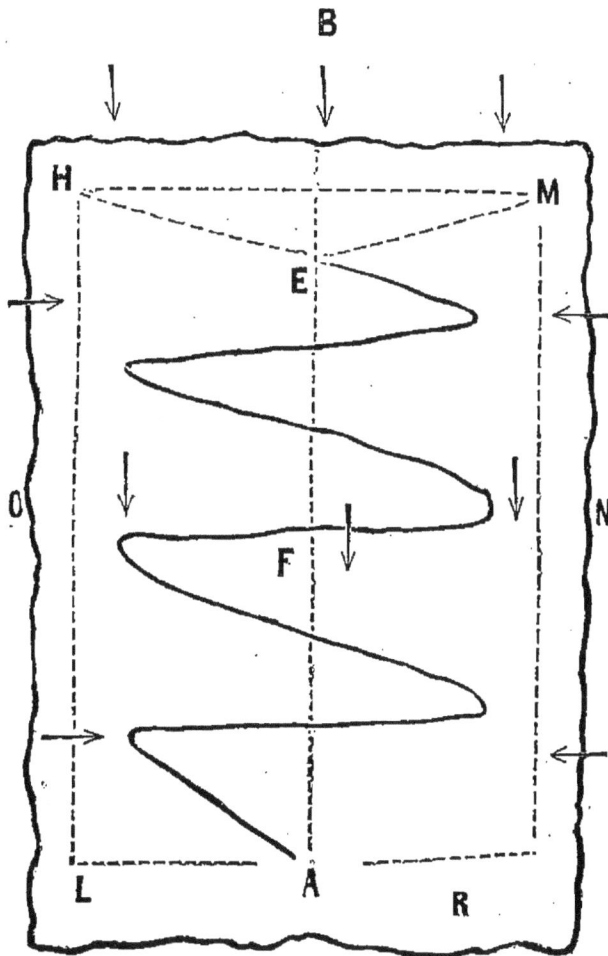

B

H　　　　　　　M

E

O　　　　F　　　　N

L　　　A
　　　　　　R

par cette manœuvre de quête à angle aigu, tout le terrain *se trouve battu à bon vent, que le vent vienne perpendiculairement ou par le côté du champ.*

C'est là un point bien essentiel.

Tout le champ se trouve donc exploré, et, en arrivant au sommet de chaque angle, le chien a pu percevoir toutes les émanations du gibier qui pourrait se trouver caché dans les haies. Arrivé au point E, il doit revenir *perpendiculairement* sur le point A; car, avec un chien bien dressé, le chasseur peut faire explorer tout le champ sans bouger de place.

Si nous voulons faire revenir le chien par l'un des côtés de la haie lorsqu'il est arrivé au point E, nous le laissons poursuivre jusqu'au point H, et il revient alors sur nous par O et L, ou nous le faisons aller de E à M et revenir de M par N et R.

Enfin, si nous voulons qu'il repasse sur tous les côtés du champ, nous le faisons aller au point H, et du point H au point M et revenir par N et R.

Il est facile de comprendre maintenant combien le dressage dans la maison est chose utile et combien les leçons d'initiation, *l'obéissance passive au geste du bras*, sont chose nécessaire, et il est aussi aisé de comprendre qu'un terrain ainsi battu par un chien ayant un bon nez est un terrain parfaitement exploré.

Combien de fois avons-nous vu un chasseur passer sur un champ battu par un autre chasseur quelques instants auparavant, et son chien lui faire tirer plusieurs coups de fusil là où l'autre n'avait pas trouvé trace de gibier! La raison toute simple était que le chien de l'un avait une quête bien ordonnée, et que l'autre en avait une mauvaise ou n'en avait pas.

Nous croyons la démonstration péremptoire : supposons que le champ que représente notre tableau ait cinq ou six hectares. Notre chien une fois dressé l'aura battu à angles aigus dans toutes ses

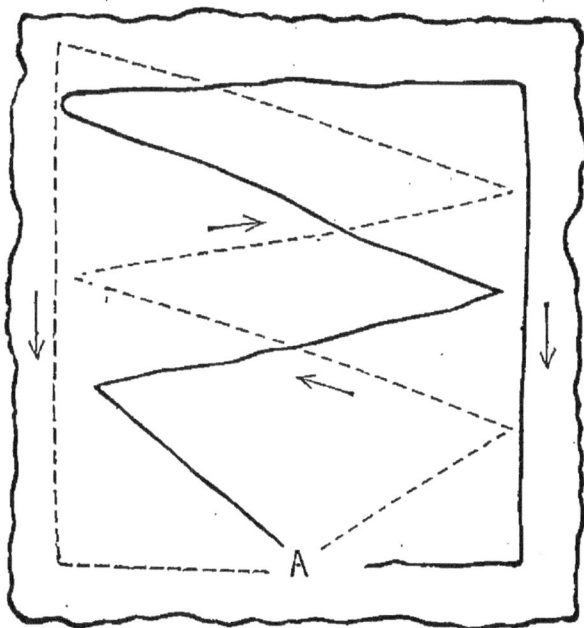

parties, en trois ou quatre minutes, et nous serons resté tranquillement au point A. Combien de temps aurait employé le chasseur avec un chien sans quête et trottant à quinze pas devant lui, sous le fusil, comme on dit?

Quel immense avantage et combien moins de peine aura le chasseur ayant pour compagnon un

bon pointer ou un bon setter, habile dans sa quête
et servi par un nez puissant!

Mais, on le voit, le dressage est la pierre d'achop-
pement de cet édifice.

La perpétuelle communication de l'instinct du
chien avec notre intelligence concourt au même but.

Certes, les rêveurs, ceux qui dans les champs
laissent aller leur imagination à l'aventure et ne sont
rappelés à la situation que par l'arrêt de leur chien,
seront peu aptes à mener un chien de race pure,
et nous leur conseillons les petits épagneuls cockers
ou clumbers, dressés à chasser à une distance de
tir, sans quête bien régulière, habiles à percer les
haies et donnant de la voix au départ du gibier, autre précieux avantage pour tirer les distraits de
leurs rêveries.

En chasse, il faut chasser. Il faut concentrer sur
le chien toute l'attention et toute la puissance de
son esprit et ne laisser passer aucune faute.

A l'homme de chasse, à celui dont la passion
surexcite les facultés, à celui qui trouve dans cette
élévation de l'instinct d'un animal à la hauteur de
son intelligence une source de jouissances inces-
santes, à celui-là le chien de race pure.

Aux autres, à ceux qui n'ont pas cette suite dans
les idées, ou pour qui la chasse n'est qu'un exercice
salutaire, les petits épagneuls dont le dressage et
l'entretien de dressage est beaucoup plus simple.

Revenons à nos leçons de quête.

Il est nécessaire qu'avant de laisser le chien à lui-même, c'est-à-dire battre son terrain, on lui ait fait répéter à satiété la manœuvre de la quête à angles aigus.

Lorsqu'il la connaîtra bien, il lui suffira de voir de quel côté vous regardez pour agir selon votre volonté.

Le chien, nous le répétons sans cesse, *ne doit jamais perdre son maître de vue* pour recevoir ses ordres, pas plus que le maître ne doit perdre de vue son chien.

Ne le devancez jamais sur le terrain qu'il doit battre, car vous pourriez le forcer à couper le champ par une ligne diagonale, et alors une grande partie du champ serait inexplorée.

Mais toutes les contrées ne sont pas divisées en champs comme un damier, et nous irons examiner aussi le dressage en pays de plaines non clôturées.

Ne le laissez jamais tout d'abord s'éloigner à plus de soixante ou quatre-vingts pas de *chaque côté* en lui faisant opérer sa quête toujours à angles aigus, et, à mesure qu'il devient plus savant, laissez-lui élargir ses distances, mais toujours basées sur les mêmes principes. *Au début,* restreignez la quête en largeur et en longueur.

Il est nécessairement plus difficile de dresser le chien selon cette méthode dans les grandes plaines que dans les champs clos, et s'il vous est possible de le dresser d'abord sur un terrain clôturé, vous y trouverez un avantage certain.

Du reste, tout dépend de la configuration de votre contrée. Si vous chassez sur de grandes landes, vous pouvez élargir la quête de votre chien, et il nous arrive souvent de laisser les nôtres croiser leur quête à 300 ou 400 mètres, enfin à une distance telle qu'il puisse encore apercevoir nos signes télégraphiques.

Il est vrai que si, arrivés sur un terrain très giboyeux, nous voulons restreindre leur quête, nous les ferons chasser à trente ou quarante pas de chaque côté du fusil.

C'est là le grand avantage de ces chiens de race pure. On peut *à sa guise allonger ou restreindre leur quête*, et que nous chassions sur les terres les plus peuplées de Seine-et-Marne, dans les bruyères de Sologne, ou sur les moors d'Angleterre, la quête de nos chiens est ce qu'elle doit être pour la nature de la contrée où nous nous trouvons, allongée ou restreinte. Nos compagnons habituels le savent si bien, que si les émanations du gibier leur arrivent avec abondance, ils diminuent leur quête d'eux-mêmes, et si nous entrons au bois, ils chassent à vingt pas devant nous.

Et ce n'est pas là de la théorie. C'est un fait qui se renouvelle chaque jour, et bien des chasseurs de mes amis, bien des chasseurs qui doutaient des résultats, après avoir été les témoins étonnés de ces faits, sont ensuite devenus fervents disciples de ce que l'on appelle la nouvelle école.

Quelle est la conclusion? C'est que le chien à grande quête, même à puissance de nez égale, est préférable à celui à petite quête, *parce que l'on peut diminuer ce qui est grand, mais qu'il est impossible d'agrandir ce qui n'existe pas.*

Or, avec la rareté du gibier qui s'accentue chaque jour par toute la France, plus le chien battra de terrain, plus il aura chance d'en rencontrer.

Lorsque notre élève connaîtra bien sa quête, nous rechercherons alors les terrains giboyeux. Lorsqu'il trouve la piste des perdrix, laissons-le faire, approchons-nous doucement de lui, et au besoin modérons son ardeur en prononçant à demi-voix le mot : *Sagement!* S'il hésite, laissons-le faire : son odorat le guidera bien mieux que nous, si par hasard son hésitation vient de ce qu'il a pris le contre-pied du gibier. Laissons-lui donc toute initiative en cette circonstance et gardons-nous de le tracasser.

Nous ne voulons pas dire par là qu'il soit nécessaire de le laisser s'entêter longtemps sur une piste, le museau à terre, ou prolonger ses arrêts outre mesure. Lorsque nous sommes arrivés près de lui, excitons-le : qu'il suive doucement et sagement la piste. Nous ne connaissons pas, à notre avis, de chiens plus nuisibles que ceux qui, une fois en arrêt, ne bougent plus et laissent au gibier la faculté de prendre une grande avance.

Lorsque dans le courant du dressage le chien paraîtra ne pas entendre votre sifflet, allez à lui et faites-le coucher, et, s'il n'obéit pas encore, prenez-le par son collier et secouez-le fortement en lui manifestant votre mécontentement par quelques paroles prononcées durement et en faisant claquer votre fouet. A ce propos nous vous recommandons d'avoir toujours une mèche bien faite et produisant du bruit, afin que, si votre élève fait mine de ne pas entendre le sifflet, il entende au moins le claquement du fouet, ce qui le fera arrêter tout court. Remarquons bien qu'il s'agit de lui faire comprendre que nous le grondons pour *n'avoir pas obéi au sifflet*. Cette désobéissance *spéciale* lui a valu cette remontrance. Si vous l'aviez battu, vous l'auriez embrouillé. Lorsque vous êtes forcé de le gronder, *ne manquez pas de lui répéter souvent, pendant que vous le secouez par le collier* ou faites claquer votre fouet, le mot ou le signal auquel il a désobéi.

Nous devons nous attendre à des difficultés, mais il faut les envisager avec froideur et ne pas nous décourager; car ce n'est pas en quelques jours que l'on apprend à un chien une quête systématique et régulière, et vous voyez de combien de détails se compose cette savante éducation. Mais que de jouissances par la suite, que de triomphes qui flatteront votre amour-propre lorsque vous passerez sur un terrain déjà battu et où vous tirerez des coups de fusil à l'arrêt de votre chien, lorsque d'autres chasseurs seront passés sans rien trouver! Sachons qu'un chien bien dressé battra sur le terrain un chien qui lui sera supérieur par les qualités natives, si le dressage de celui-ci est incomplet.

Si nous destinons notre élève à chasser avec un compagnon, il nous faudra lui faire faire les angles de quête moins aigus de façon qu'il y ait place pour un autre chien faisant la manœuvre en sens inverse.

Les deux chiens partent du point A (page 168). Le parcours de l'un est figuré par la ligne pleine et l'autre par la ligne ponctuée. Il est facile de comprendre quel avantage on aura à chasser avec deux chiens qui croiseront leur quête, au point de vue de la promptitude du travail et de la rencontre du gibier. On fera partir les chiens l'un à droite, et l'autre à gauche presque en même temps; et lorsqu'ils seront arrivés à l'extrémité du champ ou du parcours que nous voulons leur faire battre, on les fera revenir par une ligne perpendiculaire. Si nous chassons en champ clos ou en plaine et si nous avançons pendant qu'ils quêtent, nous ne ferons pas repartir le premier arrivé, mais nous attendrons qu'ils soient revenus tous deux derrière nous avant de les faire repartir.

Mais, avant de mener deux chiens ensemble, il est absolument nécessaire que tous deux aient un dressage parfaitement conforme : il faut les faire chasser longtemps seuls avant de leur adjoindre un compagnon. Le mieux est de les sortir ensemble et de garder l'un derrière les talons ou attaché au carnier, pendant que l'autre travaille et reçoit sa leçon.

Profondément imitateur et observateur, celui-ci en profitera toutefois dans une certaine mesure.

On a vanté la façon de faire de certains chasseurs qui, pour apprendre à chasser à un jeune chien, le font travailler avec un vieux chien bien dressé, persuadés que le conscrit prendrait seulement par imitation les qualités du vétéran : c'est une erreur. Son intelligence ne sera pas excitée : *il copiera, mais n'exécutera pas*, et lorsqu'il sera laissé seul, à lui-même, il ne trouvera plus rien, car il aura pris l'habitude de s'en rapporter à son vieux compagnon. Certes la manière est expéditive, et la plupart des dresseurs salariés, basant leur dressage sur les aptitudes d'imitation du chien, en tirent de bons profits. L'élève ainsi dressé, lorsqu'il n'aura plus derrière lui le savant pour lui souffler ce qu'il doit répondre aux questions du maître, sera d'une nullité désespérante et aura perdu toute confiance en vous et toute initiative. Il ne s'occupera que de son vieil ami qui trouvera le gibier, et il l'arrêtera avec lui. Son œil ne sera plus fixé sur vous pour recevoir vos ordres, mais sur son compagnon. Il apprendra la chasse, *mais pas selon vos ordres* ou vos indications, et *il vous sera impossible de restreindre 'ou d'augmenter la quête d'un chien ainsi dressé,* 'parce qu'il n'aura pas appris à battre le terrain en restant soumis à votre volonté et à vos indications par le sifflet et les gestes.

Il nous faudra éviter tout d'abord de faire chasser

notre jeune chien dans *des terrains divisés par de
gros sillons*, parce qu'il aura toujours au début une
grande propension à les suivre pour s'éviter de galoper par-dessus, et on ne doit le mener sur des
champs ainsi cultivés que quand il quête en champ
plat. C'est ce qui fait que le chien dressé dans les
plaines ou sur les landes est bien supérieur à celui
qui a fait son éducation dans les petits champs cultivés par gros sillons.

Évitons aussi, dans les débuts, de rendre à notre
élève la tâche trop facile *en le menant dans les hauts
couverts de trèfle*, *de luzerne ou les chaumes*, où
le gibier tient sous le nez du chien, parce qu'il con-
tracterait la funeste habitude de s'approcher trop
près de la pièce et, en terrain dénudé, il la ferait
partir avant que vous ne fussiez arrivé à portée de
la tirer.

Nous ne saurions trop insister sur cette dernière
recommandation, car le plus souvent c'est dans ces
couverts faciles à chasser que l'on mène le jeune
chien.

Nous insistons sur le choix particulier du terrain
sur lequel nous devons donner nos premières leçons
de quête, parce que de ces premières leçons déri-
vent les bonnes ou les mauvaises habitudes que prendra notre élève. Ne le menons donc jamais dans les
champs coupés de gros sillons avant qu'il n'ait une
parfaite habitude de croiser sa quête devant nous;

car, sans aucun doute, il choisirait de préférence la façon de chasser la moins pénible, c'est-à-dire celle de suivre les sillons.

Il est certain que le chien à petite quête est d'un dressage beaucoup plus facile que le chien à grande quête, mais ce dernier vaut trois chiens comme le premier, lorsque son dressage est complet, c'est-à-dire que la vigueur de sa recherche du gibier ne l'empêche pas de distinguer les émanations. Peut-on nier un fait qui saute aux yeux? La vitesse du pointer ou du setter en chasse, souvent calculée, a été établie par une moyenne de 30 à 35 kilomètres à l'heure. Le chien à grande quête battra donc en une heure un parcours aussi considérable, tandis que le chien trotte-menu, sous le fusil, chassant à quinze pas, aura *précédé* son maître tout simplement, et ce maître sera un bien remarquable marcheur s'il fait plus de 5 à 6 kilomètres à l'heure, en soutenant ce train toute la journée. D'un côté donc, 30 à 35 kilomètres parcourus par le chien à grande quête pendant que son maître en fait 5 ou 6, et, de l'autre, maître et chien parcourant *ensemble* 5 à 6 kilomètres : de quel côté est l'avantage?

La proportion est facile à établir. *Le chien à grande quête aura sept fois plus de chance de rencontrer le gibier* que celui qui chasse avec son maître au train de 5 à 6 kilomètres à l'heure. Le premier, gouverné par son dresseur, lui obéissant, en rapport intellectuel constant, est bien l'animal soumis à

l'homme, votre chose, et il attend toujours de vous
les indications de chasse. Le second a, sur son maître, une supériorité dont il jouit à tout instant,
parce qu'il est abandonné à lui-même, et qu'entre
lui et son compagnon, il y a cette seule différence
que s'il perçoit fort bien, c'est qu'il a un nez pour
trouver le gibier et que son maître n'en a pas. Tout
se résume par le nez, chez le chien sans quête, et s'il
a été le chien des temps passés, des pays giboyeux,
il n'est plus le chien de nos provinces dépeuplées.
Le chien à grande quête *sera utile partout*. Partout, on retrouvera ses qualités. Le chien à quête
sous le fusil n'est possible que dans les terrains
très peuplés. Il serait inutile, du reste, d'insister
encore sur ces démonstrations que des faits journa-
liers affirment, mais le point sur lequel nous pesons,
c'est sur *le choix* de l'élève, sur l'*authenticité absolue
de l'origine*, partant sur la défiance que tout chasseur doit avoir des importations exotiques et com-
merciales.

Presque tous les pays du monde sont tributaires
de l'Angleterre pour ses races de chiens. L'Améri-
que les enlève au poids de l'or, et l'Australie, l'Inde,
la Russie, l'Allemagne, reçoivent chaque jour de
nombreux échantillons de chiens anglais. De là une
production énorme, et parmi cette production un
choix méticuleux à faire, car le chien bâtard est
aussi commun en Angleterre qu'en France, et nous
ne saurions attribuer la défaveur qu'il a fallu com-

battre, qu'à la bâtardise des sujets généralement importés jusqu'ici. Malgré le chauvinisme habituel et français, il faut pourtant reconnaître que toutes les nations du globe s'adressent à l'Angleterre pour obtenir de chiens aptes à toutes les chasses, à tous les pays, et, n'en déplaise aux partis pris et aux entêtés armés de vieilles rengaines, pas du tout à la France. Les sujets d'élite, choisis parmi l'élite des chiens anglais, sont donc la source de reconstitution de nos races françaises de chiens d'arrêt à jamais perdues, puisque pas une de ces races des chien d'arrêt ne peut faire ses preuves de pureté et de transmission de qualités héréditaires.

Le dressage du chien à grande quête demande un soin méticuleux pour l'amener au développement et à l'apogée de ses qualités, et c'est la raison pour laquelle nous indiquons de si minutieux détails. Cette bonne direction de la quête est le point capital du dressage du setter ou du pointer, et pour que le chien puisse aller vite, à fond de train, plus tard, en croisant devant vous, il faut qu'il ait appris à le faire avec méthode et en ne vous perdant jamais de vue, de façon à pouvoir obéir à vos moindres gestes. Il doit devenir sage, prudent, patient et diligent en même temps, et toutes ses facultés doivent être absorbées par le désir de trouver le gibier. Si vous le laissez à lui-même, il est fort probable qu'il n'aura pas ces qualités désirables, emporté qu'il sera par son énergie native. Nous avons indiqué les moyens de les lui donner par l'obtention de son obéissance passive; car vous pouvez alors l'arrêter à votre guise pendant sa quête si vous la jugez trop violente, lui faire reprendre haleine en le faisant coucher, enfin l'assouplir jusqu'aux dernières limites.

Les chiens lents sont vite accoutumés à ces manœuvres, et lorsque nous parlerons du dressage de certaines classes de petits épagneuls devant chasser près du fusil, nous indiquerons la méthode facile et pratique d'arriver à ce résultat; mais les chiens vites, disposés à parcourir l'espace à grande vitesse, doivent *comprendre*, — et c'est là le but de vos leçons, — qu'il leur faut modérer eux-mêmes cette vitesse pour ne passer aucune émanation du gibier apportée par le vent.

Dès que nous jugeons que notre élève perçoit les émanations du gibier, arrêtons-le. Au besoin, faisons-le revenir derrière nous et ramenons-le à l'endroit, en lui faisant prendre toutes les précautions désirables. Il faut recommencer souvent cette manœuvre, car vous indiquez au chien, par votre contenance, par vos attitudes prudentes, avec quel soin il doit diriger son travail dès qu'il a connaissance du gibier. Vous l'amenez alors, pas à pas, au résultat désiré, c'est-à-dire au départ de la pièce arrêtée à bonne portée. Si, après cette leçon, il la voit tomber au coup de fusil, sa joie sera grande, et, à la première rencontre, vous verrez avec quel soin il abordera le gibier.

Ce sont les chiens très énergiques, lorsqu'ils sont entre les mains d'un bon dresseur, qui deviennent les meilleurs. Cette énergie rend souvent le jeune chien entêté et, dès que ses instincts de chasse se révèlent, il peut arriver que la lutte de ses nerfs, surexcités contre votre volonté, se renouvelle souvent. Mais si vous ne lui passez aucune faute, s'il sait que vous ne lui pardonnez pas un acte de désobéissance parce qu'il aura fait presque immédiatement un arrêt superbe, mais mal dirigé, ou plutôt non dirigé selon les règles de quête que vous lui imposez, s'il sait cela, vous en aurez vite raison : et que l'admirable compagnon vous vous préparez pour l'avenir !

Lorsque nous choisissons un jeune chien d'arrêt, notre première attention est fixée par le développement de la partie de sa tête qui forme le museau. Nous le voulons large et le nez très ouvert et très développé, surtout dans les races très vites. Nous disons les races très vites, parce que les différents propriétaires éleveurs d'Angleterre ont augmenté ou diminué la vitesse de leur espèce à leur guise. Certains éleveurs, selon la nature de la contrée, veulent le chien parcourant à fond de train les espaces, par exemple les chasseurs des collines couvertes de bruyères d'Écosse ou d'Irlande, et ils construisent, par la sélection, des chiens enlevés et légers. D'autres, chassant dans les pays labourés et très divisés en petits champs, préfèrent les chiens

plus lourds et ayant un train moins vite. Aussi que
de choix à faire, pour adopter justement, parmi
toutes ces variétés, celles qui conviennent le mieux
à notre pays de France, si différent d'aspect! Il ne
suffit pas d'avoir un pointer, il faut savoir si ce
pointer est de race de pointer léger ou de pointer
lourd. Il en est de même pour les setters. Si vous
aimez les grandes allures, ou plutôt si ces grandes
allures à fond de train conviennent à vos pays,
c'est surtout parmi la race créée par M. Laverack que
vous trouverez votre desideratum. Si vous chassez en
pays marécageux, prenez le setter rouge d'Irlande;
mais si vous chassez un peu partout, choisissez le
setter Gordon, et, parmi les setters Gordon, le sang
de *Lang* ou de *Ronald*, dont la généalogie remonte
aux chiens des ducs de Gordon et d'Argyll.

Cette digression nous semble utile, car il nous
faut prévoir toutes les objections et engager autant
que possible dans la *vraie* voie les chasseurs qui,
écœurés des bâtards, veulent faire leur compagnon
d'un chien de pure race.

Si vous commencez votre quête à mauvais vent et
que votre chien semble vouloir entrer en chasse,
remettez-le derrière et allez prendre le bon vent, afin
que votre élève se rende bien compte que le vent
seul peut lui apporter les émanations du gibier. Vouloir agir autrement serait une faute, quel que soit
l'instinct de votre jeune chien pour trouver le gibier.

Certes, le chien a des instincts aussi indiscutables qu'impossibles à définir. Par quel sentiment le chien, transporté au loin en caisse, revient-il au logis sans avoir jamais parcouru la route? Quelle analogie y a-t-il entre cet instinct et celui du pigeon voyageur?

Il est certain que le nez n'est pour rien dans la solution du problème, qui est et reste un mystérieux emploi de facultés que nous ne pouvons définir.

Nous avons entendu souvent citer des faits merveilleux concernant la faculté qu'ont les chiens de retrouver leur demeure; mais le plus surprenant est, à notre avis, celui-ci, que cite le major Hutchinson : « Le capitaine G... racontait qu'il avait à bord de son navire un chien de Terre-Neuve qui, dès qu'il apercevait le port, s'élançait à l'eau et se dirigeait à terre. Il restait deux ou trois heures absent et revenait à son navire, qu'il distinguait souvent au milieu de cent autres. Arrivé près du navire, il aboyait. On lui jetait une corde qu'il prenait entre ses dents, et, s'aidant de ses pattes, il grimpait le long de la muraille et rentrait ainsi à bord. » Ce fait fut publié dans de nombreux journaux de sport avec tous les témoignages à l'appui.

Si nous relatons cette anecdote, c'est afin d'attirer l'attention des hommes de chasse qui nous ont suivi jusqu'ici, sur la réelle intelligence qui se cache dans la tête du chien et ne demande qu'à être dirigée pour donner les plus étonnants résultats.

Nous le répétons, ces leçons de quête, ces pre-

·mières chasses de notre élève ont une influence considérable sur l'avenir, et nous ne devons pas craindre de trop les répéter, car nous dressons notre chien pour nous et non pour d'autres; et, plus il aura reçu une éducation soignée, plus nous en retirerons de plaisir quand elle sera complète.

Il nous reste à examiner les différents incidents qui peuvent se produire pendant le dressage et à indiquer son complément nécessaire.

M. Laverack, dont l'autorité en matière de chiens d'élevage et de croisements est incontestable, définit nettement, dans un chapitre de son livre sur les setters, les qualités du chien à grande quête : *Un chien à grande quête*, dit M. Laverack, *quand il est de bonne espèce et a, par conséquent, une grande puissance de nez, deviendra nécessairement un chien à courte quête sur le terrain où il trouvera du gibier. Il n'ira pas au loin en chercher s'il en trouve près du chasseur, parce que, avant d'aller au loin, il aura arrêté le gibier dont les émanations auront été perçues par lui dans son voisinage, et son instinct le fera chasser tout près du chasseur tant qu'il trouvera du gibier près de lui. Ce sont son grand courage et son ardent désir de trouver du gibier qui le font chasser au loin lorsqu'il n'en trouve pas immédiatement.*

Il me semble que cette définition est le résumé des chapitres que nous avons consacrés à la quête.

Revenons à notre élève qui, chaque jour, augmente son degré de science.

Nous sommes partis en chasse et nous arrivons sur le terrain où le gibier doit être trouvé. S'il montre de l'impatience, s'il veut commencer à chasser sans notre ordre, il faut le rappeler et le faire coucher, puis lui faire reprendre le contre-pied du chemin qu'il a fait sans notre ordre; ordonnons-lui alors de commencer sa quête d'un autre côté que celui qu'il avait choisi lui-même. C'est le moyen de lui montrer que sa volonté ne peut agir sans notre contrôle.

Si, emporté par le désir de trouver le gibier à l'entrée en chasse, il semble ne pas être complètement obéissant à vos signaux, si vous avez vu du gibier et que vous craigniez que dans sa première ardeur il ne le fasse partir, si vous voyez enfin votre élève dans un de ces jours de surexcitation où il faut le rappeler au calme, baissez-vous en marchant, comme si vous cherchiez quelque chose, et, dès qu'il vous apercevra, il reviendra à vous, prendra part à la recherche qu'il croira que vous faites, et vous en profiterez pour le maintenir alors près de vous. Au besoin, tirez de votre poche la corde de retenue et faites-le chasser quelques instants avec cette corde pendue au collier.

Cette première fougue, cette ardeur extrême amèneront souvent la lassitude du jeune chien. Il est sage de modérer ce travail et surtout de ne pas

le laisser chasser quand il montre les premiers signes de l'épuisement, car toute sa constitution se
ressentirait plus tard d'un travail excessif. Deux ou
trois heures au plus sont suffisantes ; et si vous avez
emmené avec vous un autre chien, vous ferez bien
en laissant le jeune dans une ferme, où en le ren-
voyant chez vous.

Ne croyez pas que ce serait le repos pour lui que
de rester derrière vos talons pendant que son compagnon chasserait. Souvenez-vous que c'est pour lui
une dure punition de voir chasser et de ne pas
chasser lui-même : ce serait mal le récompenser
des efforts qu'il a faits pour vous satisfaire. Nous
avons pour méthode de ne faire chasser les jeunes
chiens que deux heures et de les faire ramener au
chenil où ils sont frictionnés, brossés et placés devant un bon feu avant d'être remis à leur niche plan-
tureusement garnie de paille. C'est de cette façon
que l'on conserve les bons serviteurs, et les vieux
sont les meilleurs. Tous les chasseurs ont vu des
chiens de dix ans chasser encore fort bien. Ce sont
ceux qui font partie de la maison et ont droit au feu
de la cuisine ; mais les mêmes chasseurs ont vu des
chiens de cinq ans couverts de rhumatismes et mou-
rant au moment où ils auraient donné le maximum
de la puissance de leurs facultés : ce sont les chiens
mal soignés et mis durement au chenil, trempés de
pluie glaciale et souillés de boue.

Les Anglais se servent, surtout sur les grandes

landes d'Écosse ou du Yorkshire, de plusieurs couples de chiens chassant ensemble. Généralement chaque garde mène un couple de chiens, et les tireurs vont à l'arrêt des chiens. Mais c'est là un système de chasse qu'il est inutile de décrire, car il est peu praticable en France. Nous avons vu certains chasseurs anglais mener ainsi deux et trois couples de chiens à la fois, mais nous devons dire que, pour arriver à ce perfectionnement de dressage, il faut y passer presque tout son temps; c'est là une exception bonne à signaler, mais difficile à imiter.

Pour arriver à ce but, il faut obtenir d'abord que les deux chiens chassant ensemble partent dans des directions opposées et croisent par des lignes parallèles. On entre dans le champ sous le vent et l'on fait partir un chien en droite ligne, puis à environ 50 mètres on l'arrête en lui faisant signe de quêter à droite. On donne l'ordre au second chien de partir, et lorsqu'il est à 25 mètres on l'arrête et on lui fait signe de quêter à gauche. On obtient ainsi une quête croisée de 25 mètres de parallèle. Des dresseurs moins méticuleux font simplement partir un chien à droite et l'autre à gauche.

On peut aussi porter à six la quantité de chiens chassant ensemble, en les faisant partir successivement trois à droite et trois à gauche. Nous avons vu près de Matlock, dans le Derbyshire, un vieux sportsman, M. Leacroft, chassant toujours le grouse et les perdrix avec six chiens. C'était chose mer-

veilleuse que de voir leur sagesse et l'entente parfaite de leur quête qui s'étendait à près de 500 mètres sur les collines couvertes de bruyères; mais
si ce spectacle était intéressant, s'il fallait admirer
le maître et ses chiens, je crois que peu de spec-
tateurs eussent trouvé en eux la force de volonté et
le temps nécessaires pour faire manœuvrer cet esca-
dron de pointers et de setters. Aussi, à quoi bon
donner la théorie de ce dressage? Si nous l'indiquons, c'est pour prouver à quel degré de perfection le dressage des chiens peut atteindre; mais,
pour arriver à une demi-perfection, il faut viser la
perfection tout entière, et si vous agissez autrement,
si vous laissez les principes à moitié suivis, vous
n'obtiendrez jamais que la médiocrité. Nous pensons qu'il est préférable, si l'on entretient trois
couples de chiens d'arrêt, de les faire chasser successivement par couples.

Telle est la raison des prix excessifs qu'atteignent
certains couples de chiens mis en chasse par des
dresseurs célèbres. Le prix de 2,500 francs pour
une paire de setters ou de pointers de dix-huit mois
bien dressés est le prix courant des couples de setters et de pointers à l'ouverture de la chasse des
grouses au mois d'août. Ce prix peut paraître exorbi-
tant; mais si l'on observe que le dresseur entretient
des lices d'un grand prix, qu'il paye fort cher la
saillie d'un étalon, que quelquefois la lice reste vide,
ou bien qu'il achète des jeunes chiens de deux mois

au prix de 400 à 600 francs, courant tous les risques
de les perdre par la maladie; qu'à ces dépenses il
doit ajouter l'emploi de son temps, mille soins de
toutes sortes, on verra que ce prix qui paraît énorme n'est en réalité que la compensation justement
rémunératrice de dépenses considérables, de risques certains et d'un travail assidu.

C'est une règle précieuse et souveraine en matière
de dressage que de ramener le jeune chien à l'endroit d'où il est parti pour faire une faute. Il se
peut que, emporté par son enthousiasme et voyant
des oiseaux courir devant lui, il fasse comme eux,
malgré votre signal de *Tout beau!* Il faut alors le ramener au point de départ, et le faire coucher à la
place où il a commis sa faute et où il a eu premiè-
rement connaissance du gibier, de façon qu'il comprenne que c'est à cet endroit qu'il aurait dû vous
indiquer qu'il l'avait trouvé. Grondez-le, montrez-
lui le fouet, et au besoin faites-le claquer. *Ayez l'air
fâché et ne le soyez pas :* c'est un des meilleurs principes que je puisse vous indiquer parmi tous les autres. Il est certain que ce jeune chien veut vous
plaire et que l'ardeur de son sang a dominé sa volonté.

Lorsqu'un chien trouve les perdrix ou les faisans,
il arrive souvent, surtout avec des oiseaux d'hiver
et expérimentés, qu'ils se laissent arrêter et fuient
immédiatement en laissant entre vous et le chien
une grande distance, puis s'envolent hors de por-

11.

tée. C'est le résultat du dressage des chiens au printemps sur les couples de perdrix qui tiennent sous le nez du chien avec persistance; n'abusons donc pas du dressage de printemps. Plus tard, en septembre, le chien prend l'habitude de suivre la piste en faisant des arrêts jusqu'au départ du gibier. Est-il rien de plus insupportable que ces chiens qui s'immobilisent pendant une heure lorsqu'ils perçoivent l'émanation du gibier qui pendant ce temps fait du chemin? Les vieux coqs faisans, entre autres, si habiles dans leurs ruses, qu'ils en remontreraient à un lièvre, ne seraient jamais tirés si le chien ne suivait doucement leur piste après les avoir arrêtés.

Lorsque votre chien a été arrêté sur l'endroit où il a commis une faute, recommencez la quête; mais, après l'avoir grondé, ne le caressez pas comme certains chasseurs ont l'habitude de faire : conservez au contraire un maintien digne et sévère, et que vos gestes aient la précision rigoureuse et nette du commandement. Soyez patients, car vous êtes en chasse bien plus pour le dressage de votre chien que pour trouver du gibier.

Vous le mènerez à la remise des perdrix, et il est presque sûr qu'il va les arrêter convenablement, car vous avez pris le bon vent et manœuvré avec prudence. Dès qu'il sera en arrêt, élevez le bras et faites-le coucher, puis faites-le relever et coucher successivement sur la piste des oiseaux qui marchent devant lui. Enfin, faites-le coucher en arrêt une dernière fois, et maintenez-le longtemps dans cette position. Restez immobile, au besoin asseyez-vous près de lui, afin qu'il comprenne que, suivant une piste, il ne doit avancer que sur votre ordre; sinon, plus tard, dans les endroits fourrés, il ne vous attendrait pas et continuerait à suivre le gibier sans s'occuper de vous. Remarquons que, lorsque nous voulons apprendre nos chiens à se coucher, il ne nous faut pas bouger nous-mêmes. Les chiens, nous le savons, sont par excellence imitateurs, et notre immobilité les maintiendra immobiles. Plus tard, lorsque vous aurez obtenu cette immobilité instantanée sur le terrain et qu'il sera tombé en arrêt, vous exigerez qu'il se couche et vous ferez un grand tour pour placer entre lui et vous les pièces de gibier qu'il aura arrêtées. Si ce sont des perdrix, n'en tirez qu'une et tâchez de la tuer; mais ayez soin, lorsque vous faites le détour, de ne pas faire partir les perdrix derrière vous. Procédez lentement, afin de lui apprendre la patience, et quand vous chasserez au bois, la bécasse par exemple, et que son arrêt sera formé, vous le ferez coucher et pourrez choisir la meilleure place pour tirer.

Que le lecteur veuille bien le comprendre, rien, dans toutes ces manœuvres, n'est inutile, et tou est le résultat du raisonnement. Certes, on peut dresser des chiens sans d'aussi méticuleuses précautions, mais le résultat sera aussi différent que le mode de dressage. Nous ferons *ce que nous voudrons* plus tard avec notre chien dressé avec ce soin persistant au bois et en plaine.

Rappelons-nous qu'en France nous voulons un chien *apte à toutes chasses*, que nous l'emploierons au bois, dans la plaine, au marais; il faudra qu'il rapporte le gibier; enfin, nous lui confions des fonctions multiples qui demandent un dressage d'autant plus méticuleux dans ses détails.

Lorsque vous aurez tué votre perdreau et remarqué la place où il est tombé, profitez-en pour rappeler votre élève; puis par un signe, faites-lui prendre le vent pour qu'il trouve la pièce tuée. Il ne devra pas s'en emparer, mais l'arrêter de nouveau, et, lorsqu'il aura perçu les émanations, dites-lui « Tout beau! ». S'il essaye de la prendre, retenez-le (ceci dans le cas où, suivant mon conseil, vous ne le dresserez au rapport qu'après la première saison de chssse), ramassez l'oiseau, montrez-le-lui, faites-le flairer en le caressant et en lui donnant un morceau de biscuit ou une friandise quelconque, et mettez la pièce tuée dans votre carnier. Soyez persuadé qu'il aura examiné avec intérêt tout ce que vous aurez fait. Si vous avez décidé de le faire rapporter dès la première année de chasse, ce sera le moment de mettre en pratique les conseils que j'ai donnés en traitant du dressage au rapport.

Recommencez souvent ces premières leçons de

quête, et confirmez l'obéissance et les qualités de votre élève.

Citons, en terminant ce chapitre, la théorie émise par Marksman au sujet du dressage des chiens :

« La valeur d'un bon chien est incontestable. Celui qui en est privé ne peut guère jouir du plaisir de la chasse, *et il suffit parfois à un mauvais chasseur de posséder des chiens de bonne race* parfaitement dressés, pour se corriger de ses défauts.

« Il est aussi important pour un chasseur à tir d'avoir un bon chien que pour un chasseur à courre de posséder un bon cheval, et les bonnes qualités de l'un sont aussi importantes et précieuses que celles de l'autre.

« *Il faut se souvenir qu'un chien de race pure, adroit et bien dressé, ne coûte pas plus d'entretien ni d'impôt qu'un mauvais bâtard.*

« Le dressage des chiens, pour réussir complètement, doit être conduit d'après des principes rationnels. Il faut de l'expérience pour arriver au maximum des résultats, mais la connaissance de la nature de l'animal sera d'une grande utilité.

« *Il n'est pas nécessaire que le dresseur soit bon tireur*, mais il est indispensable qu'il soit *d'un bon caractère et incapable d'irascibilité.*

« En se montrant patient et doux envers son élève et en lui épargnant les châtiments, on *obtient toujours de bons résultats*, tandis qu'en se montrant

violent, sévère, emporté, on ne réussit jamais
qu'incomplètement.

« *Le dresseur violent* inspire à son chien une terreur excessive, et celui-ci, tremblant toujours d'être
roué de coups, s'enfuit au moindre signe de mécontentement et fait lever compagnie sur compagnie de perdreaux dans sa course à travers champs.
Lorsqu'on voit un chien courir de la sorte, on peut
être convaincu qu'il a été mal dressé et cruellement
battu ; celui qu'on n'a châtié qu'*avec douceur et discernement* ne s'enfuira jamais ainsi.

« *C'est une cruauté gratuite et une extravagance
d'infliger une correction à un chien lorsqu'il n'en
connaît pas le motif.* C'est *l'à-propos* et non la sévérité du châtiment qui constitue son utilité et garan-
tit l'obéissance.

« *Tous les défauts, du reste, peuvent être corrigés
sans recours aux coups.*

« Par l'abus du fouet, on n'obtient que des chiens
qui chassent avec crainte et découragement, bien
différents de ceux qui, hardis, pleins de fougue et
d'ardeur, sont l'orgueil et la joie de l'homme de
chasse.

« Le chien courageux chasse avec plus de succès
et moins de fatigue que tout autre. Celui qui rem-
plit ses fonctions avec défaut ne peut être d'une
grande utilité. Il est vrai que certains chiens exigent plus de sévérité que d'autres, car il en est qui
peuvent être dressés en un seul coup de fouet.

« Les chiens doivent être dressés autant que possible à l'aide de signaux muets. Ce système de dressage s'applique spécialement à l'éducation des pointers et des setters. Un dresseur bavard gâtera un chien quelque bon qu'il fût dans le principe, parce que l'animal s'accoutume si bien à la voix de son maître qu'il n'obéit plus aux signaux. Plus le dresseur se sera donné de peine pour instruire son chien sans parler, plus celui-ci lui sera utile.

« Il est déraisonnable de supposer que des oiseaux tiendront s'ils entendent la voix de l'homme. *On ne saurait donc trop recommander aux chasseurs de ne pas parler à leurs chiens* lorsqu'ils s'attendent à trouver du gibier.

« Le chien s'apercevra bientôt, au silence de son maître, qu'il faut qu'il marche avec aussi peu de bruit que possible... »

N'est-ce pas le résumé compact de tous les conseils que nous avons donnés sur le dressage des chiens anglais? Nous terminerons dans le prochain chapitre ces leçons de dressage, et aurons ainsi mis dans la main de chacun l'outil nécessaire à la chasse en France : les chiens anglais, pointers et setters. Nous examinerons ensuite le dressage spécial des petits épagneuls.

Vous aurez à diriger le dressage de votre chien de deux façons, soit que vous vouliez lui faire rapporter le gibier tué ou que vous vous proposiez de lui adjoindre un retriever; mais, dans les deux cas, il est absolument nécessaire de lui apprendre à arrêter le gibier mort, comme nous l'avons indiqué précédemment, et il n'y a entre l'arrêt du gibier vivant et celui du gibier tué qu'une différence, c'est que le gibier tué peut s'arrêter de plus près. Si vous destinez, comme je le suppose, votre chien à recevoir les leçons du rapport, il sera temps, *la seconde année, de le laisser toucher à la pièce tuée, et, selon nous, il est de toute nécessité, pendant la première saison de chasse, de le forcer non seulement à ne pas toucher au gibier, mais à l'arrêter lorsqu'il est mort.*

Nous insistons sur ce point, car nous avons vu d'excellents chiens rester imparfaits parce que leur dresseur avait négligé, pendant la première saison, de leur faire arrêter le gibier tué. En effet, quand nous chasserons dans des couverts, si notre élève n'a pas pris l'habitude d'arrêter la pièce tuée, nous perdrons beaucoup de gibier, et le chien pourra passer à côté de l'objet de nos recherches sans s'en occuper.

Avant de laisser le chien aller à la pièce tuée, nous avons dit qu'il fallait le faire revenir à nous. Il est clair que, si nous chassions toujours dans des terrains découverts, il serait inutile de prendre cette précaution; mais comme il est certain que les terrains que nous parcourrons sont tantôt boisés et tantôt découverts, il faut, si notre pièce tuée ou blessée est tombée dans les broussailles, que nous

puissions *guider nous-mêmes notre chien à la place* où
elle est tombée, où il prendra la piste si elle n'est
blessée. Combien de pièces ont été perdues dans
les terrains couverts parce que le chien, ne pouvant voir la chute de l'oiseau ou connaître la direction exacte du coup de fusil, partait à l'aventure.
Certes il existe des chiens d'une habileté surpre-
nante, mais c'est l'exception. Et puis, que fera seul,
dans ce couvert, abandonné, à lui-même, votre
élève, si vous ne le guidez pas? Vous ne pourrez
pas l'assister dans ses recherches s'il est arrivé sur
le terrain avant vous, il aura croisé à droite et à
gauche de façon qu'il aura ensuite les plus grandes
difficultés à démêler la piste. Ne perdez donc pas
de vue l'endroit où la pièce est tombée, et menez-y
directement votre élève.

En résumé, une pièce part, vous tirez, le chien
doit se coucher; vous avez tué la pièce, vous re-
chargez votre fusil, et vous menez votre chien à la
place de la chute du gibier. Tout cela est une action de chasse qui se passe en moins d'une minute
et qui, menée régulièrement, assure le succès pour
l'avenir. Vous devez avoir dans vos souvenirs de
chasse la vue de chiens partant au coup de fusil
de tous côtés, battant le terrain à droite, à gauche,
faisant partir le gibier remisé à grand'peine dans
les couverts et détruisant en quelques secondes le
résultat de vos fatigues et de vos sages manœuvres.

Si vous chassez en pays coupé de grosses haies

et de clôtures élevées, il est encore plus indispensable que votre élève se couche au coup de fusil et attende que vous le meniez à l'endroit de la chute du gibier qui souvent sera tombé de l'autre côté de la clôture des champs, et vous jugerez facilement de ce qui arriverait si votre chien n'était pas habitué à vous attendre. Les mêmes recommandations sont aussi urgentes dans les pays de montagne où souvent la pièce tombe sur des terrains non explorés encore et qui doivent faire partie de ceux que nous désirons battre.

Lorsque vous chasserez avec deux chiens, il serait bon d'attacher au collier la corde de retenue pour être bien maître de vos élèves, et ne laisser approcher de la pièce que celui que vous aurez désigné.

Beaucoup de chasseurs anglais, au lieu de faire coucher le chien au coup de fusil, exigent simplement qu'il revienne derrière eux. Nous préférons le coucher du chien après la détonation. Nous indiquons, en passant, que si nous avons remisé plusieurs perdrix dans un même couvert, il est préférable de ne pas faire aller le chien à la pièce morte ou aux pièces mortes, avant d'avoir battu le champ, en remarquant où elles sont tombées. Ensuite nous reprendrons le bon vent et les ferons successivement retrouver à notre élève.

Une bonne méthode pour confirmer notre élève dans ce dressage est de faire tirer, à quelques pas de nous, des coups de fusil quand il est en arrêt, et

de le forcer à se maintenir au *Tout beau !* sans s'occuper des décharges voisines. Il apprendra ainsi
qu'il doit recommencer à chasser sans s'occuper
des coups de fusil, tant que vous ne le menez pas
aux pièces tuées. Si vous ne pouvez vous adjoindre
un compagnon, tirez un coup de fusil vous-même.
S'il n'est pas dressé suffisamment, il voudra partir au coup de fusil, croyant que vous avez tué,
et une forte secousse de la corde de retenue le fera
rester en place en même temps que vous le gron-
derez.

Si vous suivez cette méthode, ne vous en dépar-
tez jamais avec votre élève; sinon, ni maintenant,
ni plus tard, vous n'arriverez à rien de bien. Donnez
ces leçons avec patience, et renoncez plutôt à tirer
un coup de fusil et à tuer une pièce, si cela doit
gâter l'effet d'une leçon. Agissez correctement selon les règles et en bon chasseur.

Les chiens anglais, qui depuis plusieurs générations sont soumis à ce mode de dressage, s'y conform-
ment presque immédiatement, et nous avons vu de
nombreux élèves, nés dans notre chenil, qui se couchaient tout naturellement au bruit. Nous sommes
persuadé que la facilité de dressage de ces excellents animaux est le résultat de l'éducation soignée
que les races d'élite reçoivent en Angleterre depuis
près d'un siècle. Le chien, tout d'abord, et lors de
ses premières découvertes du gibier, sera fort sage;
ce ne sera que lorsqu'il aura compris que la détona-

tion produit le plus souvent la mort du gibier, que ses nerfs surexcités l'engageront à courir à l'endroit où la pièce sera tombée. Ce sera le moment d'employer au dehors la corde de retenue.

Si votre élève est par trop nerveux, emmenez avec vous un compagnon qui tiendra la corde au moment propice, pendant que vous tirerez la pièce que votre chien aura arrêtée. Vous pouvez même, en vous entendant avec ce compagnon, tirer des coups de fusil pendant la quête de votre chien, et, s'il ne se couche pas, une forte saccade de la corde au même moment le rappellera à son devoir.

Il vous faudra aussi lui apprendre à suivre vos indications par gestes dans les champs. Il connaît déjà la signification de ces gestes par les leçons qu'il a reçues avant d'être mis en chasse. C'est avec la main droite que vous lui indiquerez les endroits où il doit faire ses recherches, et une pièce blessée se dérobant dans un couvert est une bonne aubaine dont il vous faudra profiter pour donner une leçon complète. Vous pourriez y suppléer même dans votre jardin, en ayant des perdrix ou des faisans éjointés.

Peu à peu il aura l'exact discernement de la distance à laquelle il se trouvera du gibier, et ce n'est que l'expérience qui pourra le lui donner. Il suivra pas à pas l'oiseau sur sa piste et vous mènera définitivement à lui. Combien sont insupportables ces chiens qui arrêtent, vous annoncent bien qu'ils sentent du gibier, mais ne vous mènent pas où il est, vous laissant le soin de le faire lever vous-même ! Les meilleurs chasseurs anglais considèrent ces chiens arrêtant *comme des pieux* comme une détestable engeance, car ils font preuve de peu d'intelligence et de savoir. Un garde qui veut vendre son chien vous fera admirer l'animal conservant sa pose sculpturale et dira qu'il peut fumer sa pipe sans qu'il fasse un mouvement. Ce serait parfait pour le lièvre ou le lapin, mais pendant ce temps-là les perdrix sont loin. Il arrive que de très bons chiens arrivent à ce degré d'impassibilité d'arrêt, par suite de *trop de sévérité* et d'une *éducation mal entendue*. Il arrive aussi que certains chiens, rendus trop craintifs, arrêtent à tout propos et quand même, et souvent à faux. La raison est celle que nous indiquons, *trop de sévérité mal entendue*, et nous ne saurions trop insister sur ce point.

Il est fort dificile de faire revenir dans la bonne voie un chien qui aurait cette mauvaise habitude d'arrêt à tout propos; car comment lui faire comprendre qu'il est trop prudent?

La confiance et l'expérience seront les seuls remèdes au mal.

Les meilleurs chiens se trompent en arrière-saison quand le gibier est très sauvage.

Il est facile à l'homme de chasse de savoir, à l'attitude et à la façon de quêter de son chien, s'il se trouve dans le voisinage du gibier, s'il en est proche

ou à une certaine distance. Ordinairement, plus il
élève la tête, plus il a la queue basse, plus le gibier
sera loin. Si, au contraire, il a l'air inquiet, s'il semble nerveux, c'est qu'il y a du gibier devant lui.
Chaque chien, du reste, modifie ces indications,
et c'est à vous de les observer. On cite, comme
curieux exemple que le journal anglais *le Field* a
relaté il y a quelques années, un setter d'Écosse
qui, lorsque le gibier était au repos, arrêtait fermement, mais, s'il bougeait, il tournait sa tête
vers son maître et la queue du côté des oiseaux.
Que s'était-il donc passé pendant son dressage
dans la cervelle de ce chien? quelle leçon avait-il
mal interprétée? Le fait a été certifié par des témoins fort honorables.

Certains chiens, emportés par leur nature exubérante et nerveuse, déploient dans leur quête une
trop grande vigueur. Pour les modérer, certains
dresseurs anglais leur fixent une courroie au-dessus
du jarret d'une des pattes de derrière pour les empêcher de courir aussi vite, ou fixent une barre de
bois à leur collier, ou bien encore le chargent de
plomb. Mais ce sont là de tristes moyens et bien
inutiles à prendre lorsque votre élève est obéissant,
et l'obéissance passive, lentement obtenue, est bien
supérieure à cette influence passagère. D'autres pri-
vent le chien de nourriture et lui donnent beaucoup
de travail, ce qu ne fait qu'affaiblir ses facultés et
ses forces.

Ces moyens ne domptent ni sa volonté, ni n'améliorent son intelligence.

C'est quand il jouit de la plénitude de ses facultés, qu'il est dans la plénitude de sa santé et de sa force, qui correspondent à la plénitude de son intelligence, que vous devez lui enseigner à travailler convenablement par sa propre expérience.

Nous vous en avons indiqué la facile exécution dans les chapitres précédents.

Le collier de force à pointes aiguës ou tous autres engins analogues sont des instruments de torture indignes d'un chasseur, et dignes seulement de celui qui ne réfléchit pas ou qui, s'il réfléchit, est cruel.

Il est inutile de les décrire; et nous savons que, malgré ce que nous écrivons et affirmons, les colliers de force seront toujours employés *par les dresseurs désireux de former les chiens au plus vite pour les vendre;* mais ne laissez jamais entrer dans votre maison cet engin cruel, si vous aimez votre chien et si vous voulez en faire un bon chien.

Le collier et la corde de retenue sont fort suffisants.

Nous avons supposé que votre élève avait éventé le gibier avant qu'il partît, mais sans l'arrêter, ce qui arrive aux meilleurs chiens. Vous le ferez revenir à l'endroit où il aurait dû arrêter, et le ferez coucher, puis vous lui ferez prendre connaissance de la place d'où est parti le gibier et qu'il vient de quitter. Dans l'avenir, dès que le chien l'éventera et paraîtra en avoir connaissance, indiquez-lui là prudence en lui disant : *Tout beau !* s'il est près de vous, ou en le faisant coucher s'il est éloigné. Après quelques façons, il vous comprendra facilement.

Il est important de tuer au jeune chien les premières pièces qu'il a trouvées, et il vaudrait mieux les manquer toutes que les tuer alternativement. Ne tirez donc que sur celles que vous êtes absolument sûr de jeter bas. Il est possible que vous ne fassiez que blesser l'oiseau et que, tombé à terre, il s'enfuie. Il est désirable que le chien n'ait pas vu l'endroit de sa chute et sa fuite. S'il l'a vu et s'est emporté, nous savons qu'*il faut le ramener à la place* où il est tombé et lui faire prendre la piste. Point d'*à vue.* Ce serait déplorable comme résultats, et, dans ce cas, tirez plutôt la pièce à terre que de laisser votre chien chercher à s'en emparer en courant après elle, et, lorsqu'elle sera tuée, montrez-lui le résultat de vos efforts combinés.

Si vous avez manqué la pièce, ce qui est dur à supporter pour votre jeune chien, allez à la remise, tâchez d'être plus adroit et agissez comme si la première fois ne comptait pas.

Lorsque la pièce que vous aurez tirée sera tombée de l'autre côté de la clôture qui borne votre champ, ou dans un champ voisin que vous ne battez pas, menez votre élève sur la place à bon vent.

Mettons à la recherche du gibier blessé ou tué la dlus grande persévérance, dussions-nous consacrer

à cette recherche des heures entières. Si le résultat
désiré est couronné de succès, nous aurons donné
à notre élève une remarquable leçon. Si vous apercevez la pièce avant votre chien, après de longues
et minutieuses recherches, ne la ramassez pas : re-
marquez l'endroit où elle se trouve, puis faites prendre le vent au chien, et montrez-lui, par votre attitude, que vous prévoyez la trouvaille. Il arrêtera,
et, trouvant cette pièce, il sera plein de joie : ce
sera sa récompense, que vous pourrez augmenter en
lui donnant un morceau de biscuit.

Sans laisser le chien mordre le gibier, il faut lui
faire sentir de près et lever les plumes avec son nez,
qu'il ait enfin la jouissance personnelle de ce qu'il
a obtenu, avec votre concours, il est vrai ; mais il lui
sera difficile de comprendre pour combien il a contribué à la réussite et il s'en attribuera presque tout
le mérite. Je suppose que cela vous est indifférent.
Il est entendu, n'est-ce pas, que vous ne lui per-
mettrez cette familiarité avec la pièce tuée que quand
vous l'aurez prise et qu'elle sera en vos mains.

Ne tirez jamais sur une autre pièce qui partirait
près de vous, pendant que vous êtes à la recherche
d'une pièce blessée. Ce serait une fort mauvaise leçon, qui embrouillerait votre chien dans les déductions dont son instinct profite; et si vos regrets sont
vifs de perdre ainsi une belle occasion, oubliez le
présent et songez à l'avenir. Pour avoir une pièce
de plus, vous en perdrez cent plus tard, et aurez

défait en une seconde ce que votre patience aura
échafaudé depuis longtemps.

Combien de jeunes chiens, dressés en Angleterre
selon cette méthode, avons-vu vus devenir en France
d'insupportables animaux, parce que le chasseur
qui en avait fait l'acquisition ignorait la façon de
les conduire ! Nous avons vu un beau pointer poursuivre en plaine une perdrix rouge blessée, suivi de
son maître hors d'haleine et l'injuriant parce que le
pauvre animal n'arrêtait pas leur proie commune
d'un coup de dent. Jugez ce que ce chien devint en
peu de temps, aidé de pareils exemples !...

Nous possédons un setter célèbre, *Rock*, qui ne
touche jamais au gibier, mais qui, lorsqu'il trouve
la pièce blessée objet de ses recherches, met sa patte
dessus et nous attend couché à terre et semblant
tout fier de sa trouvaille. Et c'est un superbe spectacle, je vous assure, que de voir cette énorme
patte, couleur de feu, placée sur le dos d'une perdrix ou d'un coq faisan.

Les caractères des chiens sont si différents les uns
des autres, que votre jugement seul peut vous indiquer le degré de sévérité que vous avez à employer.
Si le chien a pillé la pièce tuée, et si vous êtes *absolument* forcé de vous servir du fouet, il faudra le
faire de façon que la lanière frappe le corps en long
et non en travers. Espacez chaque coup, afin qu'il
sache bien la valeur de chacun, en disant « Tout
beau ! » et faites claquer le fouet. Diminuez graduel-

lement la force des coups, de façon que les derniers ne fassent qu'effleurer la peau et ne soient que les excitants de sages réflexions qu'il devra faire sur son inconduite notoire. — La punition finie, maintenez-le près de vous pour l'empêcher de fuir, mettez votre fouet dans votre poche et restez en place en le grondant de temps en temps. Peu à peu il comprendra que, même quand la punition est terminée, il vous reste un grand mécontentement contre lui.

S'il est de caractère timide, caressez-le un peu pendant que vous dites « Tout beau ! » d'une façon sévère, puis menez-le près de la pièce qu'il a pillée, faites-la-lui arrêter en prenant le vent, ramassez la pièce tuée, faites-la lui sentir, et attachez-la à votre carnier.

Ne laissez jamais partir un chien qui a été grondé sans en avoir reçu l'ordre; *car s'il part selon son désir, il partira le plus souvent contre le vôtre.* Il faut qu'il vous montre son désir de redevenir votre ami, et une sorte de repentir, *avant de lui permettre de chasser de nouveau.* Vous ne devez repartir que réconciliés.

Il est des gens qui s'emportent après leurs chiens qui désobéissent et ne reviennent pas dès qu'ils les appellent. Le chien s'approche : il est battu. Or il voit que, s'il avait continué à être désobéissant, il ne l'aurait pas été.

La punition, au lieu d'être un remède, augmente le mal.

Ne grondez jamais votre élève si vous ne faites que
croire qu'il est dans l'erreur. Il faut que vous ayez
la *certitude* qu'il se trompe.

Si vous soupçonnez qu'il a, dans un couvert, couru
après des oiseaux, avertissez-le en lui disant : « Sagement, sagement ! »

Rien n'est plus difficile que de réparer le mal
causé par une punition injuste.

Si à son air penaud, à sa démarche sournoise,
vous pensez qu'il a commis quelque étourderie et
fait partir le gibier, peut-être trop sauvage, grondez-
le doucement et allez avec lui là d'où sont partis les
oiseaux. Vous y trouverez peut-être un traînard qui
vous récompensera de votre peine.

Si, à son air, vous pensez que vous avez commis
une erreur, il n'y a pas de mauvais résultat à craindre, car votre avertissement ne fera qu'augmenter
sa prudence, et si vous avez eu raison, cet avertissement était nécessaire.

Ne tirez jamais les oreilles comme punition à
votre chien. Vous causeriez infailliblement cette détestable maladie qu'on appelle le catarrhe auricu-
laire, et par la suite la surdité. En le grondant, vous
pouvez le tenir par une oreille et la secouer, mais
sans la tirer, uniquement pour qu'il prête attention
à vos paroles.

Une méthode très usitée en Angleterre est de
faire coucher les chiens au départ des lièvres ou au
lever des oiseaux. On les empêche aussi d'arrêter le

lapin, considéré comme un animal vil, abandonné aux rabbiting-terriers ou aux petits épagneuls dressés à cette chasse.

Il vous sera bien facile de l'habituer à cette manœuvre fort utile; car, sans cette habitude, il est certain que vous n'eussiez pas tiré des oiseaux que le chien, revenant à mauvais vent, aurait fait partir les uns après les autres. Vous y trouverez encore cet avantage, c'est que votre élève deviendra d'autant plus prudent, et ne cherchera à courir après aucun gibier.

Nous pourrions indiquer encore bien de minutieuses précautions employées par la *fine fleur* des dresseurs anglais pour parfaire l'éducation des chiens, mais nous n'avons pas en France un système de chasse auquel puisse s'approprier les infinies délicatesses de ce qui est plus que du dressage, et pour beaucoup ce serait définir inutilement des moyens considérés probablement comme des imaginations de maniaque.

Le temps viendra, nous l'espérons, où les chasseurs français, abandonnant les errements d'autrefois, les colliers de force à triples rangées de clous aigus, feront de leur chien un ami intelligent et serviable, et, considérant que la force est une œuvre brutale, demanderont seulement à l'instinct, développé par une pratique constante, ce qu'ils avaient cru obtenir par la violence et les mauvais traitements.

Ce jour-là, s'il vient jamais, ce sera pour nous une grande satisfaction d'avoir posé l'une des premières pierres de l'édifice, s'il nous est donné d'assister au commencement de son édification.

Citons, pour terminer cette œuvre, le résumé du dressage que donne Marksman. C'est un abrégé clair et très compact des longs chapitres que nous avons consacrés à son étude, *avec quelques différentes appréciations.*

« On commence, dit Marksman, lorsque le chien a sept mois environ; toutes les leçons préparatoires doivent être données dans une cour, sur les lieux mêmes où le chien a été élevé. Le dresseur trouvera un immense avantage à consacrer chaque jour vingt minutes environ pendant trois ou quatre semaines aux leçons préliminaires, avant d'emmener le chien dans les champs à la recherche du gibier.

« Pour donner ces leçons, le dresseur doit être seul avec le chien. Il faut que rien ne puisse détourner l'attention de l'animal.

« On commence par exercer le chien à l'heure où il est accoutumé à recevoir son repas, à chercher de la nourriture que le dresseur a cachée; on doit accompagner le chien dans ses recherches, l'encourager par le mouvement de la main et l'amener à croire que l'on cherche quelque chose. Le dresseur doit témoigner sa satisfaction lorsque le chien a réussi; mais il ne doit pas lui permettre de dévorer immédiatement sa proie; il faut qu'il la prenne dans la main, la regarde, la montre au chien, la lui fasse flairer deux ou trois fois, et enfin la lui donne à manger. De temps en temps on placera la nourriture sur une chaise, de manière à forcer le chien à tenir la tête levée; plus un pointer ou un setter porte le nez haut, plus vite il trouve le gibier, et les oiseaux tiennent mieux que lorsque le chien chasse le nez près du sol. Le dresseur ne doit jamais tromper le chien en l'encourageant à chasser pour la nourriture s'il n'y en a réellement de cachée, et ne jamais lui permettre d'abandonner la recherche avant d'avoir trouvé. Ces exercices contribueront à lui imposer de bonne heure une grande confiance en son maître, et le convaincront que celui-ci possède sur les lieux où peut se trouver le gibier une connaissance supérieure à la sienne.

« Lorsqu'on a appris au jeune chien à chercher et à trouver sa nourriture, si bien cachée qu'elle soit, on a recours à la corde d'arrêt pour lui enseigner à rester immobile et à s'arrêter immédiatement au signal : *Tout beau!* Voici la manière de procéder à cette importante leçon : On boucle autour du cou du jeune chien un collier de cuir bien souple, auquel on attache une corde de quinze ou vingt mètres de longueur environ, dont on tient l'extrémité en main; on encourage ensuite l'animal, comme auparavant, à chasser pour de la nourriture cachée, et au moment où son odorat est agréablement chatouillé par la saveur du morceau, on crie : *Tout beau!* en tirant la corde de façon à forcer le chien à rester immobile et à garder la même position pendant qu'on s'avance vers lui; on lui permet ensuite de s'approcher et de manger le morceau qu'il a trouvé. Au bout de très peu de temps, il deviendra inutile de faire usage de la corde; le mot : *Tout beau!* suffira pour que le chien s'arrête instantanément.

« On ne doit jamais jeter leur nourriture à de jeunes chiens de chasse; il faut qu'on la leur donne avec la main et qu'on les accoutume à prendre doucement.

« Il est très important d'apprendre de bonne heure aux jeunes pointers et setters à se coucher aussitôt qu'on leur en donne le signal en élevant la main au-dessus de la tête. Cette partie de leur éducation doit se faire dans la cour, avant qu'on les conduise aux champs. La manière la plus simple de la leur enseigner consiste à élever un fouet en criant : « Couche! », et à insister pour que le chien reste immobile pendant que le dresseur se retire dans une autre partie de la cour; s'il tente de se relever, on le lie à un pieu en répétant l'ordre : « Couche! » Après quelques leçons, le pieu et le fouet deviennent inutiles, et le chien apprend à se coucher aussitôt qu'on élève la main, et à conserver cette position jusqu'à ce qu'on lui permette de se relever. Pour cette leçon, on peut faire usage d'un fusil, portant d'abord une simple capsule, et, après quelques leçons, une petite charge de poudre ; mais il faut prendre les plus grandes précautions pour ne pas effrayer le chien par une détonation trop bruyante.

« Le dresseur doit enseigner au chien à obéir au sifflet : une seule note a pour but d'attirer l'attention de l'animal ; un sifflement continu signifie qu'il doit revenir auprès de son maître. La note sera donnée quand toute l'attention du chien est absorbée par la recherche de la nourriture ; aussitôt que l'animal, pour obéir au sifflet, tourne la tête vers son maître, celui-ci, par un signal muet, l'envoie à droite ou à gauche, ou le fait coucher.

« On ne doit jamais employer de longues phrases en parlant à un chien ; un mot, deux au plus, suffisent.

« *Il ne faut pas faire usage,* pour dresser les chiens, du collier garni de clous, appelé collier de force. C'est là un instrument barbare dont, comme le fait très justement remarquer le major Hutchinson, des gens ignorants ou inconsidérés peuvent seuls se servir.

« Après avoir soigneusement inculqué au chien les leçons préliminaires dont nous venons de parler, le dresseur doit le conduire dans les champs, seul avec lui. Il emploiera alors une corde d'arrêt plus longue que celle dont on a fait usage dans la cour ; il faut qu'elle ait 40 mètres environ et qu'elle soit tout à la fois légère et solide.

« La corde d'arrêt est indispensable au dressage

des chiens; elle vient puissamment en aide au dresseur.

« Arrivé à ce point, le chien doit être conduit à
un lieu où le dresseur suppose qu'il trouvera une
compagnie de perdreaux et encouragé à chasser.
S'il est de bonne race, il dépistera le gibier et tom-
bera en arrêt; dans ce cas, le maître s'approchera
de lui, le caressera et l'engagera à avancer lentement; s'il tente de courir lorsque les oiseaux lèvent,
il l'arrêtera immédiatement au moyen de la corde
en le faisant tomber en arrière sur les hanches, mais
il ne fera pas usage du fouet à la première ni même
à la seconde tentative; il ne s'en servira que s'il ne
peut faire perdre autrement au chien une habitude
vicieuse. Lorsqu'on réussit dans cette partie importante de l'éducation, on doit caresser le chien et le
récompenser chaque fois qu'il arrête correctement.
A ce point de dressage, on peut se faire accompagner
d'un aide et lui confier la corde d'arrêt pendant
qu'on fait usage du fusil pour abattre quelques perdreaux; il est probable qu'à partir de cette époque
le chien trouvera le plus grand plaisir à chasser le
gibier. Le dresseur doit être prompt à réprimer
tout excès d'ardeur, tout manque de fermeté; il faut
qu'il prenne beaucoup de temps pour recharger son
arme après avoir tué un oiseau et permette au chien
de chercher le gibier mort et de le toucher de son
museau.

« La seule chose un peu difficile à enseigner aux

pointers et aux setters est la ligne qu'ils doivent suivre en battant le terrain ; il faut, pour arriver à ce but, beaucoup de persévérance et de pratique. Cette partie de l'éducation du chien doit être terminée avant que le chien soit conduit dans les champs de navets.

« Le dresseur doit enseigner au chien à traverser et à retraverser les champs lorsqu'on lui en donne le signal par un mouvement de la main, à droite ou à gauche; pour obtenir ce résultat, il faut d'abord accompagner le chien et marcher contre le vent, traversant et retraversant selon les règles; peu à peu le chien suivra lui-même la direction voulue. S'il passe en courant et sans chasser sur quelque partie du sol, le dresseur doit s'efforcer par ses signaux de le faire repasser sur cet endroit; s'il refuse ou ne comprend pas, il faut que le maître y aille lui-même, le conduise et l'encourage.

« Il ne faut jamais permettre au chien de bouger pendant que le dresseur recharge son arme. Lors même qu'un oiseau tué ou blessé tomberait à quelques pas de lui, il faut qu'il attende pour s'en emparer le signal de son maître. S'il tente de se rapprocher du gibier, le dresseur doit le rappeler, le ramener de force à l'endroit qu'il n'aurait pas dû quitter et le faire rester immobile pendant qu'il recharge. Il vaut mieux perdre de temps à autre un oiseau blessé que de laisser le chien prendre une habitude vicieuse, ce qui ne manquera pas d'arriver, si l'on ne combat vigoureusement ses premières tentatives.

« Cette habitude, une fois acquise, est très difficile à déraciner; on ne la rencontre d'ordinaire que chez les chiens qui ont chassé en compagnie de mauvais tireurs ou de sportsmen inexpérimentés qui, lorsqu'ils ont tué un oiseau, courent bien vite le ramasser, sans se donner le temps de recharger leur fusil.

« Je n'ai pas besoin de dire que de tels procédés ont gâté un grand nombre de jeunes chiens qui donnaient d'excellentes espérances.

« Beaucoup de jeunes sportsmen, désespérés de voir s'échapper le lièvre qu'ils ont blessé, excitent leurs chiens à lui donner la chasse. Il n'en faut pas plus pour gâter un chien qui agira de la même façon chaque fois que le chasseur manquera son coup. L'instinct du chien lui inspire une telle ardeur pour la chasse, que le mieux dressé peut être gâté à jamais par une imprudence de cette espèce.

« ..... Lorsqu'un chien éprouve une grande fatigue, on ne doit pas le faire chasser, c'est diminuer son zèle pour la chasse et nuire à sa constitution...

« ..... Il est rarement nécessaire d'adresser la parole à un chien bien dressé; un signal muet, un mouvement de la tête ou de la main suffisent.

« Pour attirer à la chasse l'attention du chien, il suffit de siffler doucement en donnant une seule note;

lorsque le chien lève la tête, on fait signe. On ne doit jamais interrompre un chien, quand il semble être sur la piste du gibier.

« Si bien dressé que soit un chien, le jeune sportsman qui ne sait comment s'en servir et ne peut l'obliger à l'obéissance le verra bientôt prendre des habitudes vicieuses qui, si elles ne sont immédiatement réprimées, le gâteront bientôt complètement.

« Un bon chien, bien dressé, qui a été accoutumé à chasser par un bon tireur, ne travaillera jamais avec plaisir pour un maladroit. Dans ces circonstances, on a vu souvent un chien abandonner la chasse.

« Le sportsman ne doit jamais permettre à ses chiens de sauter sur lui ou de le caresser; ces libertés ont occasionné de nombreux accidents d'armes à feu.

« Quelques chiens perdent patience après être restés en arrêt pendant un temps raisonnable et se précipitent sur le gibier; d'autres restent immobiles pendant dix minutes ou davantage...

« Quand le chien est à une assez grande distance du sportsman et que celui-ci désire qu'il se couche immédiatement, il doit baisser la tête et lever la main.

« Les sportsmen ignorants donnent toujours de vive voix au chien l'ordre de se coucher immédiatement après qu'ils ont fait feu, tandis que pour un chien bien dressé la détonation de l'arme à feu est

un signal suffisant; si cependant il ne suffit pas, on
élève la main pour indiquer à l'animal ce qu'on attend de lui; il faut qu'il ait appris à comprendre ce
geste et à y obéir immédiatement.

« Tomber en arrêt à faux ou devant une alouette
est un défaut des plus graves dont je n'ai jamais vu
un chien se corriger, après en avoir complètement
acquis l'habitude.

« Le chasseur a de grands avantages à dresser son
chien lui-même; s'il habite la campagne, il est inex-
cusable de ne point le faire, et il ne doit s'en prendre
qu'à lui s'il est forcé de se servir d'un animal mal
dressé. Il a tout le temps nécessaire pour former un
jeune chien; avec des soins et de la persévérance,
il obtiendra les résultats les plus satisfaisants...

« Les châtiments doivent être infligés avec une
grande modération.

« On ne doit employer que peu de mots pour dresser les chiens, et moins encore lorsque l'on chasse.
Des ordres brefs seront mieux et plus promptement
compris.

« Avant d'apprendre à deux chiens à chasser ensemble, il faut que tous deux soient en état de travailler seuls; on les envoie alors, l'un à droite, l'autre à gauche, et on leur enseigne à se croiser en
battant le terrain. On ne doit jamais leur permettre
de se suivre; il faut qu'ils avancent contre le vent,
dans des directions différentes, et se croisent à droite
et à gauche.

« Le sportsman doit user de discernement dans dans le choix du dresseur auquel il confie l'éducation de ses chiens...

« De retour au logis, le sportsman doit examiner les pieds de ses chiens pour s'assurer qu'il ne s'y trouve pas d'épines, et, s'il y en a, les extraire immédiatement. Le chenil doit contenir de la paille en abondance, placée sur un large banc de bois fixé à 30 centimètres du sol. Il est très mauvais de laisser coucher les chiens sur des briques ou dans les endroits humides. Lorsqu'ils travaillent beaucoup, on leur donne chaque jour une portion de viande ou de légumes mélangés...

« Le chien est un excellent physionomiste et il comprend fort bien à la contenance de son maître si celui-ci est satisfait ou mécontent de ses services.

« Il est parfois facile de voir, à la contenance et aux manières du chien, qu'il vient de commettre une faute, bien que son maître en ignore la nature. Dans un cas semblable, celui-ci doit regarder le chien avec sévérité, de façon à lui témoigner son mécontentement, s'efforcer de découvrir la faute, et, s'il y réussit, le punir sans délai; mais comme le chien a confessé ses torts, l'humanité exige que le châtiment ne soit pas trop sévère.

« Un bon chien parvient rarement à cacher à son maître la faute qu'il a commise. S'il a fait fuir une compagnie de perdreaux par inattention, poursuivi un lièvre... etc., la faute, confessée ou non, doit être immédiatement corrigée, ou l'animal croira qu'il peut, en d'autres circonstances, agir de même avec impunité.

« Il arrive quelquefois, par suite de l'ignorance ou de la maladresse du sportsman, que le chien est incapable de comprendre ce qu'on exige de lui; on voit alors le pauvre animal, la queue basse, se traîner, tremblant, jusqu'aux talons de son maître, pour lui montrer qu'il est prêt à obéir et ne demande qu'à savoir ce qu'il a à faire. Celui qui bat son chien dans une occasion semblable se montre indigne des services d'une créature si noble et si intelligente. »

Sir Walter Scott a écrit : *Le Tout-Puissant, qui nous a donné le chien pour compagnon de nos plaisirs et de nos travaux, l'a doué d'une noble nature, incapable de fourberie. Il n'oublie ni ses amis ni ses ennemis et se souvient des bienfaits et des injustices. Il a une partie de l'intelligence de l'homme, mais non sa fausseté. On peut suborner un homme, mais on ne déterminera pas un chien à déchirer son bienfaiteur.*

Il nous a semblé fort utile d'exposer le résumé de Marksman concernant le dressage des chiens. Ceux de nos lecteurs qui nous ont suivi depuis si longtemps au milieu des méandres de cette longue étude trouveront dans ce résumé la confirmation de nos dires, et ceux qui ont oublié ou ont passé outre à cause de l'aridité des détails trouveront un petit cours de dressage succinct dans les lignes de Marksman et l'exposé des qualités requises pour le chien anglais.

Nous aurions pu continuer à l'infini le développement de nos idées et de nos observations, car le chasseur qui dresse son chien observe chaque jour, et, s'il se souvient, il pourrait en transcrivant ces observations écrire de nombreuses pages nouvelles; mais il nous semble que ce serait compliquer le dressage que trop vouloir dire, et rendre diffus ce que nous nous sommes efforcé de rendre clair.

Il nous reste à examiner le dressage des petits épagneuls, la condition de santé et de vigueur, c'est-à-dire l'entraînement du chien et son hygiène depuis sa naissance jusqu'au jour de sa perfection par le dressage. Il nous faudra aussi examiner les choix à faire, les précautions à prendre, précautions importantes, avant d'acquérir des jeunes chiens ou des chiens dressés, choisir les espèces appropriables à telles ou telles contrées, car ce dernier point est le plus délicat, et il est fort nécessaire de l'éclaircir. Enfin, avant d'entreprendre l'étude des races de chiens courants anglais, des terriers, et autres espèces, nous donnerons quelques conseils aux jeunes chasseurs sur l'usage du fusil et certaines méthodes qui assureront certainement leur succès, car la chasse à tir se compose de trois parties distinctes : l'homme, le chien et le fusil; et comme nous nous trouverions outrecuidant de donner des conseils à l'humanité, nous nous bornerons, après avoir indiqué l'usage du chien, à étudier celui du fusil.

Du dressage des petits épagneuls.

Nous avons, en examinant les différentes espèces de petits épagneuls, *cockers*, *clumbers*, *water-spaniels*, dit tout le bien que nous pensions de ces charmants petits animaux, toutes les ressources de leur inépuisable vigueur, et toutes les espérances que leur nez d'une sensibilité exquise pouvait donner au chasseur.

Nous avons décrit leur aimable caractère, leur attachement à leur maître, leur intelligence rare, et toutes les qualités qui en font les plus charmants compagnons que l'on puisse désirer.

Il serait donc superflu de retracer ici les facultés de chasse si remarquables des petits épagneuls, leur facilité et leur ardeur à battre les ronciers les plus épais et les plus vastes, où le chien d'arrêt ordinaire ne saurait pénétrer et où sa faculté d'arrêt devient non seulement inutile, mais sans but, puisque le tireur ne peut souvent l'y apercevoir.

Le petit épagneul, lui, a toutes les audaces : si le roncier résiste, si les lianes sont trop enchevêtrées, il se recule, prend son élan et fait son trou; puis il rampe dans les coulées où se réfugient bécasses, lapins, faisans, demeures où ils se croient en toute sécurité et d'où, surpris, ils sont forcés de déguerpir sans pouvoir multiplier ces ruses nombreuses qui les mettent facilement hors de portée du tireur.

C'est donc du dressage de ces petits chiens que nous allons nous occuper, et nous trouverons que ce dressage a de nombreux rapports avec celui des pointers et des setters.

Les principes sont les mêmes, et ces principes sont d'autant plus faciles à appliquer que nous nous adressons à des élèves d'une merveilleuse intelligence, d'une vigueur excessive, qui est souvent *l'écueil de ce dressage, si, avant de mener ces petits chiens aux champs, ils ne sont pas absolument soumis à la discipline* et n'obéissent pas au moindre signe.

Il est donc convenu que nous procéderons avec nos petits cockers ou clumbers comme avec les setters et les pointers, et que nous ne les mènerons dans les champs que quand leur éducation sera parfaite au logis et que nous serons absolument maîtres de diriger leurs mouvements selon notre volonté.

Les premières leçons se donneront *avec la corde de dressage.*

Par aucun autre et meilleur moyen les petits épagneuls ne sauraient commencer leur éducation dans les champs.

Le but doit être de les empêcher de trop s'écarter et de ne pas battre un rayon de plus de 20 à 30 mètres; sinon leur ardeur deviendra, au lieu d'une qualité, un défaut, et le gibier sera levé hors portée.

Ils doivent aussi avoir pris l'habitude de se coucher au signal du lever du bras, et au coup de fusil. Nous devons toutefois dire que la plupart des chasseurs anglais se bornent à les rendre très obéissants au sifflet ou à revenir simplement à l'appel de leur nom.

Si le chien veut trop s'écarter, vous secouez la corde et le faites revenir de quelques pas en arrière, et vous employez ce moyen jusqu'au moment où il a pris l'habitude de conserver sa distance.

En l'arrêtant dans son élan avec la corde, il est utile, pour le faire revenir en arrière, de ne pas lui tourner le dos, mais de reculer vous-même en lui faisant face. — A cette obéissance, à *cette leçon* de distance se bornent les premiers enseignements à donner aux petits épagneuls dans les champs.

Le major Hutchinson a dit que le garde qui aurait à dresser plusieurs petits épagneuls qui devraient ordinairement chasser ensemble, aurait intérêt à être accompagné par un aide dont l'emploi serait celui d'administrer les punitions, de leur donner un avant-goût du fouet et qui agirait enfin comme le valet de chiens dans une meute. Le résultat obtenu serait que les chiens prendraient l'habitude constante de rester près de leur dresseur et de ne pas s'en écarter. Voici une anecdote à ce sujet : « Le garde-chef de lord Apperley était singulièrement aidé. Il possédait un valet de chiens à quatre pattes. Un jour il se trouvait en chasse avec un de ses amis, membre du

Parlement. Ce garde avait amené avec lui une paire
de grands retrievers et plusieurs épagneuls, et
parmi ces chiens il s'en trouvait deux avec lesquels
on n'avait jamais tiré un coup de fusil, quoique
bien dressés. C'était donc la première fois qu'ils
venaient prendre part à la chasse. Au premier faisan tué, tous les vieux épagneuls se couchèrent au
coup de fusil, mais l'un des jeunes s'élança et prit
l'oiseau dans la gueule. Le tireur, voyant les plumes
de l'oiseau tombé voler sous la dent du petit chien,
voulut courir pour sauver son oiseau, lorsque le
garde le pria de vouloir bien rester en place, et il
fit signe à l'un de ses retrievers d'aller chercher la
pièce tombée et pillée en ce moment par le chien.
Le retriever obéit aussitôt; mais, au lieu de s'occuper de l'oiseau, il saisit le petit épagneul par le milieu du corps, l'enleva de terre et le secoua fortement. C'était une dure leçon et aussitôt que le chien
put se débarrasser de la formidable étreinte, il revint derrière son maître en hurlant et se coucha au
milieu de ses compagnons, tandis que le retriever
rapportait le faisan fortement déplumé. Le garde
raconta alors que c'était la première sortie de ces
jeunes chiens dans les champs avec le fusil, et il
affirma qu'avant la fin du jour ils se conduiraient
aussi sagement que les vieux. Il expliqua ensuite
comment le retriever était arrivé à prendre le rôle
de correcteur en lui épargnant beaucoup de peine
et d'ennui pendant le dressage des jeunes épa-

gneuls. Après quelques coups de fusil, ce nouveau
maître d'école fut encore envoyé chercher les pièces tombées pour montrer aux épagneuls qu'il ne
permettait à personne d'intervenir dans ses devoirs
de rapporteur. Les deux jeunes chiens ayant été
châtiés de cette façon devinrent plus sages, firent
bien quelques pas en avant lorsqu'ils voyaient le faisan tomber ou le lièvre faire la culbute, mais le
souvenir de leur rude punition et la crainte de leur
tuteur à quatre pattes les rappelaient aussitôt près
de leurs compagnons qui avaient depuis longtemps
pris le parti de l'obéissance.

« Le soir du même jour ils avaient appris complètement « la leçon dans les champs », avaient abandonné toute idée de courir après le coup de fusil
et se couchaient promptement au milieu de leurs
compagnons.

« Il est certain que c'était un sentiment de jalousie qui portait le retriever à punir le petit épagneul
cherchant à lui soustraire l'oiseau qu'il aimait à aller
prendre et à rapporter à son maître, et c'est pour cela
que le garde intelligent l'avait encouragé dans cette
humeur et développé cet instinct qui lui était un si
puissant auxiliaire; peut-être serait-il possible de
presser des chiens à cet usage, et un chien que-
relleur pourrait être éduqué à se saisir de tout épagneul qui donnerait, après le coup de fusil, de l'essor à son impétuosité naturelle, aussi bien qu'on
habitue un terrier à courir sur un rat. »

La partie la plus difficile du dressage des petits épagneuls est celle qui consiste à les faire se coucher au signal ou coup de feu; mais, ainsi que nous l'avons dit plus haut, la plupart des dresseurs se contentent de les faire derrière eux, ou les rassemblent autour d'eux toutes les fois que le coup de fusil est tiré. Ce système qui serait déplorable, employé avec les chiens d'arrêt, n'a pas d'inconvénient lorsqu'il s'agit des petits épagneuls; car, lorsqu'ils sont habitués à s'écarter très peu du tireur, il est rare qu'ils fassent lever le gibier avant que les fusils ne soient rechargés.

En abandonnant l'exigence du coucher au coup de feu ou au lever de la main, le dressage est grandement simplifié et avec un aide armé d'un fouet on obtient promptement le résultat voulu, surtout lorsque, revenant à son dresseur, le chien reçoit quelque friandise. Nous préférons cette dernière méthode; car, avec celle du coucher au signal, on n'évite pas toujours le bruit. En effet, il arrive souvent, si l'on chasse avec deux ou plusieurs chiens, que l'on aura à réprimander ou à corriger celui qui ne se sera pas instantanément couché. De plus, dans le fourré épais, une infraction à la règle peut aisément se produire et échapper à la vigilance du dresseur, être prise pour une tolérance, et mener à d'autres actes d'insubordination.

Il faut, *dès le jeune âge*, habituer les petits épagneuls à ne pas s'éloigner de plus de 15 à 20 mètres. *Avec eux plus qu'avec d'autres chiens il faut éviter surtout que l'envie leur prenne de chasser pour eux.* On peut les habituer à ne pas s'occuper des lièvres et des lapins, en les corrigeant au moyen de la corde de retenue s'ils partent à leur poursuite. Dans certaines contrées de l'ouest de l'Angleterre et tout particulièrement en Cornwal et dans le pays de Galles, nous avons rencontré des chasseurs qui ne permettaient à leurs cockers que la chasse du faisan et de la bécasse, et nous avons possédé une merveilleuse chienne qui ne s'occupait que de chercher et de démêler la piste des bécasses au milieu des autres oiseaux. La bécasse était son seul objectif, comme le nôtre. Sa fin fut triste : prise pour un lapin par un de nos amis, au moment où elle se coulait dans les ronces, elle fut tuée raide et mourut au champ d'honneur. Ceux qui prétendent que l'on ne pleure pas son chien ont tort. Je fis faire un trou, j'y plaçai ma pauvre *Bess* et je donnai des larmes à son souvenir, ne prévoyant pas pouvoir remplacer ses étonnantes qualités. J'avais raison, car depuis, et de longues années me séparent déjà du jour de sa mort, je n'ai plus rencontré de petit épagneuls ayant cette spécialité.

Certains dresseurs anglais, pour modérer l'ardeur de ces petits chiens, se basent sur le système des maréchaux qui se préparent à ferrer les jambes de derrière d'un cheval qui semble disposé à les déployer méchamment, nattent les crins de la queue et passent la jambe à ferrer dans cette natle, le plus près possible du jarret de manière à comprimer la le tendon sur l'os. La queue retient la jambe en position et le membre se trouve inerte. En agissant d'après ce principe, on peut avec un bandage retenir légèrement la jambe de derrière, et, en le changeant d'une jambe à une autre toutes les heures, tempérer la violence du jeune chien. On peut aussi se servir d'un anneau en caoutchouc. D'autres dresseurs passent l'une des pattes dans le collier, mais en donnant à leur élève de nombreuses chances de chutes. D'autres enfin chargent leur cou d'un collier de balles de plomb. Mais, disons-le bien vite, tous ces moyens nous répugnent. C'est la barbarie, c'est la force, et notre système est d'agir sur l'intelligence du chien par son contact avec la nôtre, puisqu'*il est si facile d'obtenir le mieux par la patience.*

Les dresseurs patentés dressent les chiens pour les vendre, et n'arriveront jamais aux résultats parfaits qu'obtient le chasseur qui dresse son chien lui-même, et veut obtenir de son élève, non l'obéissance plate de l'esclave, mais le concours dévoué et intelligent d'un bon compagnon.

N'est-il pas vraiment cruel d'imposer de pareils supplices à de pauvres animaux auxquels on demande de battre des champs d'ajoncs épineux ou des buissons presque impénétrables?

Mentionnons, en passant, l'usage indispensable

de laver les yeux des petits épagneuls après la chasse.
Leur impétuosité dans le couvert éraille souvent les
paupières; la poussière, le gravier, pénètrent dans
les yeux. Il faut soigneusement les examiner au retour et laver leur yeux avec de l'eau tiède. Si l'inflammation est un peu vive, laver avec de l'eau tiède
dans laquelle on a fait infuser de la camomille.

Souvent le jeune épagneul hésite à entrer dans les
fourrés piquants. Si vous possédez un chien bien
dressé, l'exemple du vieux routier sera le plus excitant, mais si vous ne possédez pas ce maître d'é-
cole, menez votre chien le matin de bonne heure
le long des champs de genêts, d'ajoncs, ou de ronciers où le gibier vient de rentrer dans ses demeures
habituelles. Les effluves du gibier exciteront l'ardeur des jeunes chiens, et ils n'auront garde de faire
attention aux piqûres des épines.

Nous pensons que le meilleur moment de commencer le dressage de cette espèce de chiens dans
les champs est l'âge de huit à dix mois. A un âge
plus avancé ils seraient plus difficiles, et le mieux
est de leur donner un compagnon déjà bien dressé
pour obtenir promptement le résultat que l'on vise.
L'*influence* de l'*exemple* est considérable dans toutes les espèces de chiens et l'est d'autant plus que
l'espèce est plus intelligente, car, n'en doutons pas,
le *chien raisonne :* son raisonnement est droit, sain,
et il peut donner bien des leçons à l'humanité.

Le dressage judicieux obtiendra donc à volonté

le coucher du chien; il obtiendra qu'il cherche le gibier, par les signes de la main; il obtiendra aussi le rapport, s'il désire que le chien rapporte. Il habituera d'abord son élève à battre les haies, les taillis, où il l'aura toujours sous ses yeux, les champs de sainfoin, enfin tous les couverts où il peut ne pas perdre son chien de vue. *Il ne devra jamais* le mener dans les buissons de ronces, dans l'épaisseur des grands fourrés, avant que son éducation ne soit complète.

Lorsqu'il lui donnera les premières leçons au fourré, il attachera un fort grelot à son collier, afin que le bruit puisse trahir les cas d'indiscipline et lui permettre de faire conserver toujours au jeune chien la distance de 15 à 20 mètres du tireur.

S'il mène plusieurs chiens ensemble, il attachera au collier des grelots de différents sons pour pouvoir réprimander justement le délinquant, tout étonné de voir ses fredaines, qu'il croyait inaperçues dans le couvert épais, aussi bien découvertes que dans la plaine.

Lorsque son élève sera suffisamment habitué à ne pas s'écarter, il pourra le laisser prendre le côté opposé des haies et du fourré, car de cette façon le chien ramènera le gibier sur le tireur au lieu de le faire partir en avant.

La chasse des haies au moyen des petits épagneuls est extrêmement fructueuse et très pratiquée dans toute l'Angleterre. Nous avons rencontré en Bretagne des Anglais qui s'y étaient établis pour chasser les bécasses et tiraient deux fois plus de coups de fusil servis par leurs cockers que les chasseurs servis par leurs chiens d'arrêt.

A deux fusils, dans des pays comme le Bretagne, la Normandie, l'Anjou, où les champs sont séparés par de grosses haies touffues ou des bandes de bois étroites, on ne saurait trouver un meilleur mode de chasse que celui de l'emploi des petits épagneuls cockers ou clumbers.

Les effets de l'âge et de l'expérience ne se font sentir dans aucune race plus que dans celle de ces merveilleux petits chiens. Si le jeune chien suit bien et sagement pendant une cinquantaine de mètres le faisan, la perdrix ou la bécasse, il est rare qu'il aille jusqu'au bout sans s'emporter, ou que son ardeur ne lui fasse pas perdre la piste. Le vieux chien, lui, saura très bien qu'il doit suivre lentement pour suivre sagement, parce qu'il ne perdra pas ainsi l'occasion de déjouer une double voie, ou toute autre ruse émanée du cerveau de l'animal poursuivi, et parce qu'il permettra au tireur de le suivre à bonne distance.

Nous insistons sur le point essentiel du dressage de cette race dont les propensions sont d'*aller trop vite et trop loin*. — On ne doit pas cesser d'avoir en vue la répression de cette exubérance, sinon point de petit épagneul réellement bon. — Pour obtenir ce résultat, commençons le dressage dans la maison

de très bonne heure, et *obtenons l'obéissance passive
par la douceur*.

Si vous voulez habituer votre chien à une chasse
spéciale, menez-le dans la contrée où il ne trouvera
presque toujours que l'animal que vous recherchez.
*Un chien est généralement d'autant plus attaché à une
chasse spéciale qu'il reconnaît plus facilement le fumet
du gibier auquel il a été principalement habitué dans
sa jeunesse.* Il chassera toute sa vie avec plus d'attention dans les endroits où il aura eu l'habitude de le
rencontrer souvent. Il est donc aussi nécessaire
d'apprendre de bonne heure au petit épagneul de
battre les fourrés épais, qu'il est indispensable
d'apprendre au setter et au pointer de battre les
chaumes et les guérets.

La qualité primordiale des petits épagneuls est
l'*excellence de leur nez*, et on ne saurait trop diriger
la sélection de l'élevage vers ce but. La forme du
nez implique sa sûreté dans cette espèce, et s'il faut
chez les pointers et les setters ne pas l'exiger par la
sélection, sous peine de faire des chiens arrêtant à
tout propos et se défiant de toutes les émanations
qu'ils perçoivent, il n'y a pas cet inconvénient à redouter chez les petits épagneuls dont le tempérament ardent les pousse à aller toujours en avant.
Le cocker, doué d'un nez médiocre, prendra aussi
bien le contre-pied de la pièce trouvée que la voie
droite, et, au lieu de mener le tireur sur le gibier,
lui fait tourner le dos. Il faut donc que, par la

finesse de son nez, il distingue si la piste s'échauffe ou se refroidit à mesure qu'il avance.

La santé de cette race est généralement excellente. Il faut la maintenir exubérante, pour qu'ils n'aient jamais rien à redouter de la rigueur du temps.

Lorsque nous avons étudié les signes de la main lors du dressage des setters et des pointers, nous envisagions la chasse à large distance. Nous conseillons, en se servant des petits épagneuls, une méthode plus précise, car c'est la battue d'un endroit tout spécial que notre indication veut obtenir. C'est avec le doigt, l'index de la main droite, que nous devons transmettre notre désir au petit chien; et pour arriver à nous faire comprendre de lui c'est avec le doigt que nous lui indiquerons des morceaux de biscuit cachés dans des touffes d'herbes que nous reconnaîtrons facilement.

Il est vraiment remarquable de voir avec quelle rectitude, quelle dextérité et quelle sagesse les épagneuls travaillent dans toutes les directions sur l'indication toute simple du doigt.

Il est hors de doute que, *pour la chasse de bois,* jamais le chien d'arrêt n'aura la valeur du petit épagneul, et sa valeur sera d'autant plus grande que le fourré sera plus épais.

Que se passe-t-il avec le chien d'arrêt qui trouve une piste de faisan, de bécasse ou de perdrix? Il arrête dès que les émanations le frappent. Il avance avec lenteur et multipliant ses arrêts. Pendant ce temps le gibier fuit, ruse, fait des crochets, double ses voies, autant de difficultés au milieu desquelles le chien doit demêler la bonne voie. Le gibier gagne du terrain et, trouvant une clairière, s'envole le plus souvent hors de portée.

Si vous vous servez d'un petit épagneul bien dressé, il suivra de suite la piste sans hésitation, vous précédant tout en conservant sa distance de 15 à 20 pas au plus, se retournant pour voir si vous le suivez, et forçant, si vous l'excitez, l'oiseau à s'envoler si vous vous trouvez en bonne place pour tirer. Nous savons bien que quelques chiens d'arrêt s'habituent à cette manœuvre, mais c'est au détriment de leurs facultés de chasse sur un autre terrain.

Quelle race choisir?

Choisirons-nous le petit épagneul clumber, blanc et orange, muet et ne donnant jamais de la voix?

Choisirons-nous le cocker, dérivant des blenheims et des king's Charles, ou choisirons-nous enfin le petit épagneul Sussex?

Affaire de goût et de pays. On ne peut donner des règles fixes sur la chasse du couvert, car elle varie à l'infini dans ses modes d'exécution.

En Angleterre, les chiens *muets* sont les plus estimés.

Il est certain que moins le bruit est grand, plus l'approche est facile; mais nos préférences sont acquises aux petits épagneuls qui donnent de la voix,

surtout s'ils sont employés à la chasse du fourré *impénétrable* au chasseur, parce qu'alors il prévient
par son cri du départ du gibier, quel que soit celui
qu'il ait l'habitude de chasser. Dès qu'il trouvera la
piste, il donnera quelques coups de voix; puis, au
moment où l'oiseau prendra son essor, il l'acclamera
joyeusement.

Nous l'avons dit, les modes de chasse varient à
l'infini.

Bon nombre de chasseurs pensent qu'un couple
et demi de petits épagneuls sera suffisant pour chasser à la fois, et que *l'un d'eux devra être dressé au
rapport*. Nous disons *l'un d'eux*, *parce que ce serait
une grande faute* que de se servir de plusieurs chiens
dressés au rapport. On devine le résultat : chacun
chercherait à rapporter un morceau de la pièce
tombée.

Lorsqu'on veut se servir des petits épagneuls pour
faire des battues, trois couples sont parfaitement
suffisants et nous appelons tout particulièrement
l'attention des chasseurs sur ce mode de chasse.

La battue au moyen de rabatteurs est par excellence favorable au dépeuplement d'un terrain [de
chasse, non pas qu'elle soit plus productive que celle
faite au moyen de petits épagneuls, mais parce
qu'elle fait fuir au loin la moitié du gibier et le dé-
cantonne.·

Cela est un fait acquis.

Quelle que soit la discipline de vos rabatteurs,

quelle que soit la vigilance de vos gardes, jamais vous ne ferez qu'un terrain soit fouillé par un être humain comme il l'est par un chien. Vous ne ferez pas que le rabatteur humain ait le nez du petit épagneul.

Qu'arrive-t-il le plus souvent?

Le gibier se rase, fuit en arrière, est aperçu, reçoit le jet des bâtons ou est épouvanté par les clameurs. Il se sauve à toutes jambes ou à tire-d'aile et ne revient que longtemps après fréquenter des demeures aussi inhospitalières.

Avec les petits épagneuls, tout se passe autrement.

Supposons une enceinte carrée.

La ligne des tireurs se place à une extrémité à *mauvais vent*, c'est-à-dire le dos au vent pour que les *chiens aient le bon vent;* ou, si cela est possible, en ayant le vent sur le côté, ce qui procure la meilleure solution, car les chiens ont à peu près bon vent, et le gibier ne perçoit que de très près la présence des chasseurs.

Les gardes se placent à l'extrémité opposée et l'un d'eux prend le milieu de l'enceinte en conduisant les petits chiens. C'est alors que la battue commence. Le garde maintient ses chiens à vingt pas, trace des lignes obliques dans le fourré, et le terrain est battu pied à pied. Le gibier fuit, mais sans épouvante; il n'entend pas un bruit inaccoutumé, les bâtons ne font pas résonner le tronc des arbres; il fuit lentement se dirigeant vers la ligne des tireurs et bientôt la fusillade commence. Si des blessés rebroussent chemin, ils se trouvent en face de la compagnie de cockers qui les saluent de leurs petits cris et les forcent à revenir sur la ligne de tir. Ceux qui ont pu la forcer s'arrêtent dans l'enceinte suivante.

Nous employons ce moyen dans les coteaux abruptes et boisés de la Bretagne. Les tireurs se placent en haut et en bas, suivant parallèlement le garde qui mène les chiens. Les bécasses volent se dirigeant en haut, le plus souvent en bas, et si nous avons placé des tireurs en avant, elles ne peuvent échapper, sauf les cas de maladresses, hélas! assez fréquents.

Nous ne comprenons pas une chasse bien ordonnée, une de ces chasses si giboyeuses des environs de Paris, de Seine-et-Marne ou de Seine-et-Oise, chasse où s'opèrent des battues hebdomadaires, chasses où la battue est le seul mode employé, sans une petite compagnie de cockers, car les résultats seraient ceux-ci : économie, et meilleure chasse, et chasse réelle au moyen de chiens.

Économie : parce que l'entretien de trois paires de petits chiens de cette espèce ne peut se comparer à la paye de nombreux rabatteurs le *plus souvent braconniers qui prennent ainsi parfaite connaissance des cantons les plus giboyeux de vos bois.*

Meilleure chasse : car là où le rabatteur fera tirer vingt coups de fusil, les petits épagneuls en feront tirer cinquante.

Chasse réelle : parce que vous aurez sous les yeux l'intéressant travail de ces charmants petits animaux, la vue de leur gaieté, de leurs gentilles façons, le spectacle gracieux de cette jolie tête à longues oreilles du *rapporteur* de la troupe, tenant dans sa gueule un coq presque aussi gros que lui, ou traînant un grand lièvre par les oreilles.

Il est entendu que le *même* garde conduira toujours les chiens, et qu'il maintiendra parmi eux une stricte discipline.

La chasse au moyen des petits épagneuls se divise donc en plusieurs méthodes. L'une est celle que nous venons de décrire, mais les autres varient suivant la volonté du chasseur qui préfère chasser avec un, deux ou trois chiens. Quelques chasseurs qui chassent la bécasse dans les grands bois emploient trois épagneuls laissant deux d'entre eux battre au loin pour faire lever le gibier, et conservant l'autre pour chasser près du fusil. A cette chasse, on emploie des marqueurs, c'est-à-dire quelques gamins qui se dispersent en avant, grimpent au sommet des arbres et marquent les places de remises des oiseaux qu'ont fait lever les deux épagneuls qui sont envoyés à l'aventure.

Beaucoup de chasseurs, le plus grand nombre, chassent avec deux épagneuls dont l'un est dressé au rapport, et beaucoup aussi ne se servent que d'un seul chien qui est alors toujours dressé au rapport.

La chasse du lapin avec un bon *rabbiting-spaniel* est une des chasses les plus amusantes.

Les rabbiting-spaniels sont fort employés pour la chasse au fusil. On leur fait battre l'enceinte. Les lapins se terrent, et on met ensuite les furets dans les terriers.

Un bon spaniel-cocker ou clumber parfaitement dressé à la chasse de la bécasse et du coq-faisan, ne s'occupant pas de lièvres ni de lapins, est inappréciable et de haute valeur. Celui qui le possède le garde généralement, et s'il est vendu, il atteint de très grands prix. Il est bien plus facile et bien moins onéreux de lui donner par soi-même ces qualités.

Nous devons dire que *le plus souvent* le petit épagneul est dressé à tout chasser, et s'il se maintient près du fusil, si son nez est parfait, s'il rapporte bien, vous ne saurez trouver pour la chasse de bois un meilleur auxiliaire.

Si vous vous servez d'un retriever pendant les battues, il est inutile de dresser un des petits épagneuls au rapport, mais ils doivent toujours suivre la piste de l'animal blessé et, s'ils le trouvent mort, s'arrêter près de lui. Ils appellent alors en donnant de la voix, mais ne doivent pas y toucher.

Certains chasseurs anglais mènent plusieurs petits épagneuls chasser devant eux, et ils exigent alors que tous se couchent au coup de fusil.

D'autres chasseurs les autorisent à poursuivre le

gibier à cinquante ou soixante mètres, s'ils doivent être employés pour les battues.

Telles sont les diverses variétés de chasse au moyen des petits épagneuls destinés à la chasse de bois. Examinons maintenant la classe spéciale des *water-spaniels*, propres aux chasses d'eau en hiver.

Nous avons décrit les différentes espèces de ces chiens spéciaux. Ceux de M. Mac Carthy avaient la plus haute renommée, mais la race est impossible à retrouver pure; car on a grandi, abaissé, grandi de nouveau la taille des water-spaniels.

Il est préférable de commencer le dressage de ce chien en été, pendant la saison chaude, sur les jeunes canards. Il faut qu'il fasse dans l'eau ce que vous faites faire aux autres épagneuls sur terre et qu'il ait toujours l'œil sur vous pour exécuter les ordres que lui transmettent vos gestes. Il doit être nécessairement dressé au rapport et son dressage *au geste* doit être d'autant plus soigné que, nageant, il se trouve toujours de niveau avec l'oiseau et ne peut le distinguer au milieu des joncs épais. Que vous soyez en bateau, que vous soyez à terre, les gestes seuls doivent être employés; car le bruit chasserait à un kilomètre, si elle avait la perception de votre voix, toute la sauvagine du marais.

Nous devons aussi dresser l'épagneul à se coucher au moindre signal, et c'est là un point plus important que pour la chasse sur terre, car vous êtes bien souvent forcé de vous cacher subitement, de ramper

14

pour approcher les oiseaux sauvages, vous avez à attendre plus ou moins longtemps dans une cachette. Son immobilité sera donc aussi précieuse que son activité à se précipiter à l'eau dans la direction du coup de feu aussitôt que la détonation aura retenti, et il suivra alors les indications de vos gestes pour rapporter les pièces tuées.

La meilleure couleur des water-spaniels est la couleur marron. Il doit être complètement muet, actif, et d'une santé robuste pour braver les intempéries et ne craindre ni l'eau glacée, ni de sauter de glaçons en glaçons sur les rivières, pour aller chercher les oiseaux blessés. Il faut donc éviter, dans sa jeunesse, de jamais le laisser approcher du feu. Il devra nager vite. Quelques-uns plongent, mais le défaut de cette race est d'avoir des qualités de nez médiocres. On peut, il est vrai, les améliorer par la sélection et les croisements, et c'est cette amélioration recherchée par beaucoup qui a tendu à rendre la race assez variable.

Le travail demandé aux water-spaniels est très fatigant. Nager dans les étangs ou dans les rivières au milieu des joncs, pendant deux heures, est la limite de ce qui peut être demandé à leur bonne volonté : aussi est-il nécessaire d'avoir plusieurs chiens si l'on chasse tout le jour.

Les petits épagneuls cockers ou clumbers bien dressés sur terre, s'habituent bien vite à la chasse d'eau ; mais combien leur existence se trouve abrégée si l'on abuse de leurs forces, et que la chasse de marais a détruit de bons et beaux setters et d'excellents petits épagneuls !

Notre dernière recommandation est celle-ci : Ne dressez vos jeunes épagneuls, de quelque race qu'ils soient, que pendant les chaleurs de l'été, alors que l'eau est chaude et les jeunes oiseaux faciles à approcher.

Notre tâche est terminée, et nous avons épuisé, après le mode de dressage des chiens d'arrêt, celui qui concerne les petits épagneuls.

Étudions maintenant les meilleures conditions hygiéniques de façon à obtenir toute leur vigueur et le maintien de leur santé.

Condition de chasse ou entraînement. — Choix et acquisitions des jeunes chiens ou des chiens dressés. — Leur appropriation aux terrains de chasse habituels. — Quelques conseils.

Nous pensons qu'il est inutile d'insister sur le mérite des chiens à grande quête. L'opinion publique a fait justice des théories d'un autre âge, et l'Europe entière a adopté les belles et précieuses races que l'Angleterre a su conserver en les améliorant. La place faite aux expositions internationales à nos races indigènes est aussi restreinte que possible. Je parle des chiens d'arrêt, car nos races de chiens courants, de chiens d'ordre, sont les premières du monde.

Au moment où le droit de chasse est aussi discuté, où la passion de destruction s'est emparée de tous, le chien anglais devait apparaître comme l'auxiliaire du chasseur sur les terrains dépourvus de gibier.

Les réserves giboyeuses sont rares et le partage du petit nombre. Là les chiens sont presque sans intérêt et le retriever seul est utile, ainsi que les petits épagneuls clumbers, destinés à faire des battues. J'ajouterai que dans ces réserves les chiens sont plus nuisibles qu'utiles.

Ce que nous avons écrit est donc dans le but d'être utile aux chasseurs de province, aux hommes de chasse qui cherchent le gibier, le trouvent, qui chaque jour multiplient pour le même objectif les ruses que leur facilite la constante observation du gibier, qui dressent leur chien avec amour, le suivent pas à pas dans la carrière, plutôt que pour les tireurs de faisans de basse-cour qui viennent au sifflet du garde et l'accompagnent comme la troupe de canards et de poulets accompagne la fille de ferme.

Certes ces chasseurs-là préféreraient souvent l'espace, les champs ouverts, les côtes abruptes, les marais herbeux où la perdrix rouge piète, où le lièvre se gîte après de longues courses de nuit, où la bécasse, les bécassines font la chasse aux vers de

terre; mais ils sont retenus dans la ville. Les obligations leur imposent les chasses rares. Il est naturel
qu'ils cherchent, lorsqu'ils le peuvent, à créer un
centre giboyeux où ils tueront en un après-midi ce
que le chasseur de province ne tue pas quelquefois
dans sa saison.

A ceux-là, point de chiens d'arrêt.

Mais à vous, chasseurs, vous qui aimez votre
chien, qui en faites votre compagnon journalier, il
n'est pas inutile de vous indiquer certaines précautions à prendre, sans lesquelles vous n'obtiendrez
pas la quintessence des qualités du chien anglais.

La liberté est l'une des meilleures conditions hygiéniques du jeune âge. Le dressage suffit, avec
cette liberté, à maintenir le chien gai et bien portant; mais, plus tard, un exercice journalier est nécessaire pour maintenir le chien anglais en bonne
condition de travail. Sa nature nerveuse, la puissance de son organisation, demandent l'emploi de
ses forces. C'est une machine à vapeur dont la sou-
pape de sûreté est l'exercice. Celui qui habite les
champs et n'a qu'un ou deux chiens leur donne facilement le travail nécessaire. Mais, dans les chenils
peuplés de nombreux chiens, il faut aussi le travail
de chaque jour, et comme il n'est pas possible d'a-
voir un personnel assez nombreux pour mener chaque jour plusieurs chiens d'arrêt, c'est derrière un
cheval qu'il faut, alors que la saison est finie, les
faire trotter et galoper au moins deux heures par

14.

jour. *C'est le seul moyen* d'entretenir leurs muscles saillants, leurs poumons libres, et de prévenir les accidents de toutes sortes qui ne manquent pas de survenir si l'on met en chasse en septembre un chien qui a passé l'été dans l'oisiveté du chenil.

Combien de pauvres animaux sont victimes de cette inobservation de règles indiscutables!

Le jour de l'ouverture est arrivé : le chien est gras, il a passé l'été dans une somnolence continue, et tout d'un coup, sans préparation, on lui demande plusieurs journées de la plus rude fatigue sous le soleil, sur le terrain brûlant. Il a vu le fusil, et son enthousiasme a débordé en bonds joyeux; mais peu d'heures se sont écoulées et le voilà éreinté, se couchant dans les sillons qu'il arrose de sa bave, suivant péniblement son maître qui l'invective et lui prodigue les injures qu'il devrait adresser à lui-même.

Rentré au logis, harassé autant que son compagnon, attribuant à un défaut de qualités ce qui n'est de sa part que négligence ou manque d'expérience, il songe à se défaire aussitôt que possible du chien qui lui a rendu si peu de services.

Cela est bien vrai, n'est-ce pas? et chacun de nous a assisté au spectacle que je retrace sommairement. Je ne décris pas la classe des brutes qui rossent le pauvre animal épuisé, car ils ne méritent pas le nom de chasseurs.

Être en condition, c'est pour l'Anglais chasseur la

plus grande préoccupation de sa vie de sportsman *pour lui-même*. Il se prépare aux longues courses sur les bruyères d'Écosse ou à travers les champs de navets du Norfolk par des marches graduées, il n'oublie pas la dose de médecine préparatoire à ces exercices de force. Aussi quelle résistance! quelle puissance de jarrets! Jamais la fatigue ne vient diminuer la sûreté de son tir, et le soir, après une journée pénible, il rentre allègrement à la maison.

Jugez si, se préparant ainsi lui-même à son sport favori, l'Anglais prépare dans le même but ses chiens, futurs compagnons de ses dures fatigues.

La condition est la moitié de la valeur d'un animal. Notre longue expérience de chasseur à courre et de chasseur à tir dans toutes les contrées de l'Europe nous l'a démontré péremptoirement et nous répéterons à satiété *que le meilleur chien du monde, non préparé, ne vaut pas la moitié d'un chien ordinaire ayant fait le travail préparatoire nécessaire.*

Que de maladies vous éviterez à votre chien par un entraînement méthodique et gradué! La jaunisse, suite de fatigues exagérées, la fluxion de poitrine, suite de refroidissements en recherchant trop le frais étant pris de chaleur, ces maladies, qui amènent presque sûrement la mort chez le chien trop gras et affaibli par l'inactivité, seront écartées ou certainement atténuées.

Nous allons nous quitter, lecteurs; car mon œu-

vre, que vous avez suivie jusqu'ici, approche de sa
fin, et je ne vous aurai pas donné de meilleur conseil
que ce dernier avis. Ne menez donc pas votre chien
en chasse sans quatre à cinq semaines de travail préparatoire. Si vous ne pouvez lui donner cet exercice
sur terrain de chasse, que ce soit derrière votre cheval de selle ou derrière votre voiture ; enfin qu'il soit,
le jour où vous l'emmènerez dans les champs, dé-
barrassé de toute graisse superflue ; que ses poumons
aient leurs libres ébats dans sa poitrine et que toutes ses forces soient concentrées vers ce seul but :
trouver le gibier sans se soucier de la fatigue.

Nous avons l'habitude de faire administrer à nos
chiens vers le 15 juillet une dose de médecine se
composant simplement de 30 grammes de sulfate
de magnésie. Cette dose est répétée vers le 15 août.
Lorsque le 1ᵉʳ septembre arrive, nos chiens qui ont
été promenés trois heures chaque jour derrière un
cheval, ou menés le même temps sur le gibier, sont
arrivés à l'apogée de la condition de chasse : l'em-
bonpoint a disparu, l'œil est vif, le nez frais, le
poil brillant, les muscles saillent sous la peau fine
des pointers, sous les soies des setters, et, pour
vous donner la preuve du degré de résistance qu'a-
mène l'entraînement chez le chien, je veux relater
un fait assez récent.

En 1877, nous avions été convié à une ouverture
en Beauce. La plaine nue s'étendait à l'horizon,
jaune, aride, car la sécheresse avait été grande et

les regains brûlés. Les perdreaux tenaient dans les labours d'où s'envolait une poussière compacte sous le galop des chiens. *Chance,* un setter Gordon âgé de six ans, nous accompagnait, et nos compagnons de chasse nous prédisaient, à la vue de sa belle toison noire marquée de feux brillants, *qu'il n'en aurait pas pour longtemps.*

Vers trois heures, sous un soleil brûlant, nous rencontrâmes trois des chasseurs conviés comme nous à cette ouverture. Couchés au fond d'un fossé, ils déclaraient que la chasse était impossible et que leurs chiens « n'en voulaient plus ». Je les conviai alors à m'accompagner vers un guéret où je venais de remiser deux grandes compagnies de perdreaux Chacun se leva et me suivit. On se mit en ligne; mais, contrairement à l'habitude, les maîtres se mirent en quête et les chiens suivaient tristement, l'un boiteux, l'autre tirant une langue énorme, les yeux injectés de sang. Quant à *Chance,* sur un signe, il avait repris sa belle quête large, vigoureuse, et tombait en arrêt à trente pas d'une compagnie dont je fis les honneurs à mes amis. Le soir, *Chance* chassait encore, malgré ses six ans sonnés, comme un jeune chien, et il se fit, ce jour-là, une réputation prodigieuse. Je le cédai, l'hiver suivant, à un de mes parents qui s'en servit deux ans avec grand succès en suivant notre méthode, et, à l'âge de huit ans, le recéda à un chasseur qui se félicita de son acquisition.

Nous avons insisté, non pas outre mesure, sur ce point important, parce que, surtout avec les chiens anglais, doués d'un tempérament exubérant et nerveux, la mise en état de chasse est absolument nécessaire pour jouir de leurs qualités.

Il nous reste à donner notre avis sur les acquisitions de chiens. La chose est délicate, mais nous ne reculerons pas devant cette tâche. Plusieurs races sont en présence : le setter, le pointer, le spaniel cocker. Le setter a pris en Angleterre la première place parmi les chiens d'arrêt. Le pointer est relégué au second plan. Il est facile d'admettre qu'en Angleterre, où les jours d'extrême chaleur sont rares, le setter ait pris la première place, et nous croyons que pour *les trois quarts* de la France le setter est le chien que l'on doit choisir; mais il nous semble que, dans le Midi, le pointer doit être préférable, n'étant pas chargé de poils, et sa couleur, généralement blanche et marron ou blanche et orange, étant moins sensible à l'action du soleil. Nous l'avons répété : nos préférences sont acquises au Gordon setter, et pourtant nous savons que certains essais de cette race ont eu peu de succès. Mais quelle était la provenance de ces setters ?

Le commerce des chiens se fait en Angleterre sur une grande échelle et généralement ceux qui sont placés sur les échelons sont des *demi*-gentlemen qui n'ont aucun souci de tromper leurs compatriotes, et encore moins le Français qui s'adresse à eux. L'acheteur ne saura donc s'entourer de trop de précautions.

Il existe déjà en France des centres de production canine. Il ne nous appartient pas de discuter leur valeur, mais il est facile aux chasseurs d'être renseignés sur la moralité de ces établissements et d'examiner les étalons et lices qui servent d'éléments de production.

La première condition est de s'assurer de l'authenticité du pedigree, c'est-à-dire de la généalogie des reproducteurs, car rien ne ressemble plus à un chien noir et feu qu'un autre chien noir et feu, et il est arrivé que des chiens vivants ont été affublés du pedigree de chiens morts et vendus à l'étranger! Nous avons eu la preuve de ce fait et nous pourrions signaler un autre fait, qui nous est personnel, qui éclairera la situation morale des transactions de chiens en Angleterre.

En 1864, nous obtînmes, lors de la première exposition de Paris, les premiers prix pour plusieurs races, entre autres pour les setters et les pointers. Notre setter *Dick* obtint en plus le grand prix d'honneur et la médaille d'or de 500 francs. Le dernier jour de l'exposition arrivé, je fis reconduire le chien chez moi et on l'attacha dans une écurie dont la clef fut enlevée.

Le lendemain matin, le chien avait disparu.

Toutes recherches furent vaines.

Quatorze ans s'étaient écoulés, lorsque je lus dans

un journal de Cornwall que plusieurs jeunes chiens
setters, issus du fils du célèbre chien setter blanc et
orange ayant eu le grand prix d'honneur à l'exposition de Paris en 1864, étaient à vendre. Renseignements pris, mon chien *Dick*, transformé en un autre setter nommé *Bang*, avait eu de grands succès
en Angleterre pendant six années, avait fait souche
de superbes chiens, et avait été vendu d'une façon
très correcte par un courtier de Londres s'occupant
de la vente des chevaux.

Nous le répétons, on ne saurait s'entourer de trop
de précautions en achetant les chiens que l'on désire de race pure. Que l'on sache bien que ceux qui
sont issus d'étalons et de lices célèbres sont de haute
valeur et quittent rarement l'Angleterre pour le
continent, *si ce n'est à de grands prix.*

Il faut aussi choisir parmi les espèces d'une même
race. Il y a différentes familles de Gordon setters
bien distinctes; et, à ce propos, disons que le *blanc*
dans cette race est le plus souvent considéré en
Angleterre *comme un signe de pureté,* les chiens des
ducs de Gordon ayant été longtemps tricolores, c'est-
à-dire *blanc, noir* et *feu.* Ces différentes races de
setters ont été réunies, au Stud-Book, dans une
seule classe nommée les *Black and tan setters,* c'est-
à-dire les setters noir et feu, de sorte que beaucoup
de chiens, n'ayant aucune parenté avec les chiens
des ducs d'Argyll et de Gordon, sont admis dans la
classe des chiens noir et feu, *sans blanc,* et c'est à

cette cause qu'il faut attribuer l'importation d'une
foule de chiens de cette couleur sous le nom de
Gordon setters, *n'ayant pas un atome* de sang de cette
race célèbre qui est notre favorite et que nous suivons depuis vingt-cinq ans avec un soin constant.

La volumineuse correspondance que nous échan-
geons avec de nombreux chasseurs de France et des
autres pays nous apprend chaque jour que chaque
contrée demande un chien d'une nature spéciale et
*que ce chien devient d'autant plus le chien de cette
contrée qu'il s'y est reproduit.*

Nous avons cité l'exemple péremptoire des pointers blanc et orange importés par M. de Girardin, et
devenus braques Saint-Germain sous le règne de
Louis-Philippe. Il en sera de même des Gordon setters *de bonne espèce* dans quelques années. Absolument appropriés à nos terrains, ils deviendront le
chien apte à toutes chasses, sous la condition for-
melle toutefois d'être maintenus dans leur pur sang
par des croisements intelligents.

Et que d'insipides rabâcheurs ne viennent pas
nous dire que la quête du chien anglais ne peut
convenir à la chasse en France ! Nous avons montré à plus de cent chasseurs, sur notre terrain, sur
d'autres, *Rock*, le célèbre étalon Gordon setter, *Monarch*, étalon de même race, des pointers, des setters
différents sangs, *chassant sous le fusil au bois et re-
prenant seulement leur grande quête quand je leur en
donnais l'ordre.* Ah ! certes, si, sur la foi de pom-

peuses réclames, vous devenez, à un prix modeste, acquéreur d'un chien qui sur le papier est le meilleur chien de l'Europe, voire même du monde entier, il faut vous attendre à de cruelles déceptions. Le plus souvent vous aurez acquis un animal de nez inférieur, *de grande quête, qui, n'étant pas servie par un nez supérieur,* fera partir hors de portée tout le gibier d'une plaine et battra le bois à grand bruit. Vous trouverez mille chiens de cet ordre annoncés dans les journaux anglais chaque semaine au prix de 125 à 200 francs, et vous pouvez sans intermédiaire vous procurer cette moins coûteuse désillusion.

Les chiens de grande espèce, les chiens de pur sang, ceux dont les qualités de formes et de chasse sont suivies avec un soin persévérant depuis longues années, ne sont pas entre les mains du vulgaire, en Angleterre. Elles sont la propriété de grands seigneurs et de grands propriétaires qui les conservent de père en fils. Il est fort difficile de les obtenir lorsqu'ils sont dressés, et peu facile de les obtenir jeunes, si ce n'est au moyen de relations mutuelles ou personnelles qui viennent s'interposer.

Mais le chien dressé en Angleterre convient-il à la majorité des chasseurs français?

Nous sommes certain de n'être pas contredit en répondant négativement. A moins d'avoir une habitude certaine dans ses effets du mode de dressage spécial des chiens anglais, du vocabulaire qui accompagne ce dressage, il est fort difficile au chasseur français de soumettre le chien dressé en Angleterre au mode de chasse usité en France.

Limité par les clôtures des champs, le dresseur anglais ne se préoccupe pas de modérer la quête de son chien, mais seulement de lui faire battre le terrain selon les règles. Il ne chasse pas au bois avec son pointer ou son setter, et s'il chasse sur les collines de bruyère d'Écosse, il laisse le chien s'éloigner à cinq cents mètres, sûr qu'il est de la finesse de son odorat. Que voulez-vous qu'un chien dressé de cette façon devienne en notre pays s'il ne tombe en des mains habiles qui reprennent le dressage et adaptent l'animal aux différents terrains boisés ou non boisés que nous avons l'habitude de parcourir avec le même chien? Combien de chasseurs sont aptes à cette dure besogne ou ont le temps nécessaire à lui consacrer? Il faut aussi envisager que le chien dressé en Angleterre n'est pas soumis au rapport et qu'il est généralement au contraire sévèrement empêché de toucher au gibier mort ou blessé.

Notre opinion sincère est donc que le chasseur français ne peut rien faire de mieux que d'acquérir de jeunes chiens issus de pères et mères reconnus *authentiquement de pur sang.*

Puisque nous parlons de l'élevage, remontons à la production première.

De nombreux chasseurs envoient leurs chiennes par les chemins de fer au moment de leurs feux,

pour être saillies par des étalons connus, et il arrive
souvent que ces chiennes retournent vides et ne
produisent pas. La trépidation du wagon en est
cause. Il faut que la chienne reste au moins trois
semaines sans secousses anormales pour assurer la
portée, en dehors des autres causes qui peuvent en
détruire le germe. Nous ne saurions donc trop recommander aux propriétaires de lices de ne pas les
faire revenir immédiatement au logis, quelque ennui qu'ils aient de cette séparation.

L'entretien des chiens anglais, leur hygiène n'ont
rien de spécial.

Une niche en bois de chêne, élevée au-dessus du
sol de 30 à 40 centimètres, ou un chenil *sec* et *bien
aéré*, doivent être les demeures choisies.

L'humidité engendre de nombreuses maladies.
Elle est la cause la plus fréquente des maladies de
peau si contagieuses, des ophtalmies, des refroidissements de toutes sortes.

*L'humidité, qu'on le sache bien, est l'ennemie du
chien et de ses qualités.*

Le chien pris par là maladie de peau n'est plus
le même en chasse que le chien en bonne santé.

Plus l'endroit où couchera le chien sera sec,
mieux il se portera.

Le choix de l'emplacement est facile lorsque le
nombre d'animaux est restreint; mais pour l'établissement d'une meute ou d'un chenil nombreux de
chiens d'arrêt, on se heurte à bien des difficultés et

on se ménage bien des déboires si l'emplacement n'est pas choisi avec un soin méticuleux.

Il est extrêmement difficile de maintenir en bonne santé une grande agglomération de chiens, surtout de chiens destinés à la chasse à tir, tels que setters, pointers, cockers, etc.

Les chiens supportent sans inconvénient un froid très vif dans les chenils secs. Nous le répétons : *L'humidité engendre la gale.* Un drain ou fossé doit régner autour du chenil pour recevoir les infiltrations des eaux.

Une situation élevée est très favorable à l'établissement d'un chenil. Les chiens ressentent tellement ce besoin de s'éloigner de l'humidité que s'il se trouve un grenier où ils puissent avoir accès dans leurs cours, ils iront s'y établir d'eux-mêmes. Une ancienne habitude de Vendée est de surmonter les bâtiments des chenils d'une terrasse. Les chiens passent sur ce belvédère la plus grande partie de la journée.

Les maladies de peau, le rouge, la gale, sont le fléau des chenils, petits ou grands.

Nous avons souvent vu des chiens dont aucun remède n'avait pu amener la guérison, complètement rétablis par l'emploi de la recette suivante qui était employée autrefois dans le chenil du prince de Condé.

Huile de noix, 1 litre par chien; — soufre en poudre, la quantité nécessaire pour former une

pâte claire; — alun en poudre, 400 grammes environ;— noir de galle, 300 grammes; — essence de
térébenthine, un verre ordinaire. Il faut mettre l'huile
dans un vase placé sur un fourneau à petit feu. On
verse le soufre, l'alun et la noix de galle par petites
quantités en tournant toujours avec une cuillère le
mélange, dans lequel on ajoute aussi peu à peu l'essence de térébenthine. Il faut que la chaleur n'ex-
cède jamais une témpérature que ne puisse supporter la main.

Le chien, préalablement saigné, est vigoureusement frotté de cet onguent depuis le nez jusqu'à
l'extrémité de la queue, puis placé dans un *endroit
sec* et chaud, sur des planches, où on se gardera
bien de mettre de la paille sur laquelle l'animal se
roulerait et enlèverait l'onguent. On le laisse huit
jours sous cette pommade, que l'on peut renouveler
le troisième ou quatrième jour. *Il est fort important*
que le chien soit placé dans un emplacement chaud;
car plus la chaleur sera grande, plus l'action de
l'onguent sera pénétrante. Les huit jours écoulés,
on lave le chien avec le savon noir et l'eau tiède.
On laisse le savon sécher sur la peau et le lendemain
on fait prendre un bain d'eau de son, ou on donne
un lavage d'eau tiède ainsi additionnée. *Nous n'a-
vons jamais vu* la gale la plus invétérée résister à
cette friction, et des chiens complètement dénudés
ont été guéris. Trois semaines après le poil repous-
sait. Pendant que les chiens sont couverts de l'on-

guent, il faut les soumettre à un régime maigre. Les chasseurs qui useront de cette recette nous sauront bon gré de l'indiquer. Leur bourse ne s'allègera pas de l'achat de médicaments inutiles et la santé de leur compagnon sera rétablie.

Nous nous bornerons à cette excursion dans le domaine des vétérinaires. L'élevage du chien est une science, et l'expérience seule la donne. C'est le résultat d'une observation constante. Les règles ne peuvent être établies et les modes définis, car l'élevage se modifie selon les climats.

Notons, en passant, qu'il ne faut jamais acquérir un jeune chien avant l'âge de trois mois, parce qu'il est impossible avant cet âge de distinguer les formes pour l'éleveur lui-même.

Il est reconnu que certains climats sont très défavorables aux jeunes chiens, et que d'autres, les bords de la mer en particulier, favorisent leur développement de la façon la plus heureuse. Presque tous nos chiens sont élevés à peu de distance de la mer ou sur les plages de l'Océan. Comment expliquer que les chiens issus d'une même portée prennent un pouce et souvent plus de taille lorsqu'ils sont élevés sur le bord de la mer? Il est donc certain que l'influence climatérique agit d'une façon puissante sur l'organisme des jeunes chiens et la comparaison a été si souvent faite par nous que nous considérons le fait comme un résultat acquis en faveur de l'élevage fait près de la mer. Soumis à cette atmos-

phère chargée de sels vivifiants, le jeune chien se
développe dès le plus bas âge et son ossature se for-
tifie, son tempérament acquiert plus de résistance;
et lorsque vers l'âge de quatre à cinq mois il revient
dans le centre de la France, il est déjà presque
formé, il supporte avec une force beaucoup plus
grande la maladie des jeunes chiens qui se déclare
rarement alors sous la forme nerveuse.

Le travail que nous avons entrepris est terminé.

Il y a, en ces temps où la passion régit le plus
souvent les idées nouvelles de sport, et où le bon
sens s'altère au contact des pensées émises avec assurance malgré leur origine quelquefois incertaine,
un écueil pour l'homme qui demande à discerner le
vrai du faux et à être guidé. Cet écueil, ce sont les
conseils donnés par les écrivains, qui diffèrent presque tous de façon de voir et improvisent des varia-
tions sur un thème qui prête beaucoup à la fantaisie : la chasse.

Parmi ces pilotes du jeune chasseur à travers
champs et forêts se trouvent les représentants de
deux classes de sportsmen soutenant leur cause à
grand renfort d'éléments théoriques, mais dont la
science de praticien est souvent contestable. L'un pré-
conise les chiens français, l'autre les chiens anglais.

Pour nous, nous n'avons soumis à tous ceux qui
ont bien voulu nous accompagner dans notre tâche
aride que le résultat d'une expérience personnelle
déjà longue, et nous avons résumé tout ce que nous

avons appris de sensé, de pratique, des chasseurs de toutes les parties du monde. Si nous avons fait fête au chien anglais, c'est que nous n'en connaissons pas d'autres que le chasseur puisse admettre avec certitude de voir ses qualités admirables se continuer et se transmettre par l'élevage, s'exalter par la sélection, lorsque l'*identité de race est établie d'une façon certaine*. Nous terminons en répétant encore que c'est là le point important, celui qui doit provoquer le plus de défiance, car la bâtardise est aussi commune chez les chiens anglais que chez les chiens français et on ne saurait s'entourer de trop de garanties. Nous répétons aussi que le chien anglais dressé en Angleterre est extrêmement difficile à mener en France où son dressage doit se modifier *à cause de son mode d'emploi différent et de la topographie de la contrée.*

Nous vous souhaitons donc, lecteurs, un jeune chien de pure origine, un chenil sec, de la patience, de la méthode, et tout le plaisir que vous mériterez si vous avez suivi nos avis.

FIN.

NOTE

CONCERNANT LES GORDON SETTERS.

———

Belair, par Saint-Laurent-des-Eaux (Loir-et-Cher),
le 5 mars 1881.

A Monsieur le directeur de « l'Acclimatation ».

Monsieur,

De nombreuses lettres me sont adressées au sujet de la couleur du Gordon setter. Il m'est impossible de satisfaire à chacune de ces demandes, et je viens vous prier de vouloir bien donner l'hospitalité à ma réponse; j'espère que vous voudrez bien faire une place à cette lettre destinée à élucider une question qui intéresse tous les chasseurs et tous les amateurs de chiens de race pure.

Je veux simplement parler des Gordon setters et de leur couleur.

J'ai, permettez-moi de le dire, Monsieur, quelques aperçus nouveaux à soumettre à vos lecteurs auxquels ils pourront être utiles dans le choix de leurs animaux et ils seront appuyés de l'avis du célèbre éleveur de Gordon setters, M. Trevithick.

Depuis plus de soixante ans, la race des setters écossais portant le nom du château du duc de Gordon a été employée dans ma famille. Mon père, grand chasseur, les avait en haute estime, et j'ai fait mes débuts en chasse avec un vieux Gordon setter, blanc, noir et feu qui se nommait « Douglas ». *En* 1865, le révérend M. Pearce, plus connu sous le nom d'Idstone, envoya à l'Exposition de Paris le célèbre chien « Kent », qui fut inscrit dans la 30e classe, celle des Gordon setters. M. Harris avait envoyé « Ranger », M. W. Osmar et d'autres Anglais avaient fait inscrire plusieurs chiens. De mon côté j'envoyai deux chiens : « Grouse » et « Marquis ». Voici comment ces chiens furent classés : 1er prix, « Kent, » à M. Pearce; — 2e prix, « Grouse, » à M. Paul Caillard; — 3e prix, « Ranger, » à M. Harris; — 4e prix, « Marquis, » à M. Paul Caillard. « Kent » était arrivé avec sa grande renommée de champion anglais, plus de 20 prix gagnés; une superbe pancarte relatant toutes ses victoires était suspendue au-dessus de sa tête. Donner la première place à « Grouse », qui n'avait jamais été exposé, et qui pourtant de l'avis des juges était supérieur à « Kent », devenait une affaire délicate. On craignait (c'était la seconde exposition) d'éloigner les concurrents anglais dans l'avenir et d'être accusé de chauvinisme, « Grouse » fut sacrifié. Les faits que je viens d'énumérer, Monsieur, ont pour but de *prendre date*, c'est-à-dire, d'établir qu'en 1865 j'étais déjà propriétaire de chiens pouvant lutter avec les chiens les plus célèbres d'Angleterre et souvent les battre aux expositions.

Cette race émanant directement d'*Écosse*, où d'anciennes amitiés avaient permis à mon père et à mon oncle de se la procurer dans sa pureté, était et est encore par ses qualités spéciales le chien par excellence du chasseur français, et adaptée à ses besoins. Excessive finesse de

nez, résistance prenant facilement le dressage du rapport, quête vive mais facilement maintenue : telles sont
ses qualités entretenues par la sélection et un soin constant. « Douglas » dont je vous ai parlé plus haut avait été
donné à mon père par M. le comte d'Orsay qui le tenait
lui-même de Gordon-Castle. C'était un magnifique chien
tricolore, blanc, noir et feu, mais avec beaucoup plus de
blanc que de noir et de feu. Son fils, qui reçut le même
nom, fut le père de « Grouse » et de « Marquis », qui
comme vous l'avez vu eurent la première place après
le champion anglais « Kent ». Leur mère « Duchesse »
était noire et feu avec beaucoup de blanc à la poitrine et
sous le ventre.

A cette époque commençait à se créer en Angleterre la
race des *Black and tan* setters, c'est-à-dire des setters
noirs et feu au moyen de croisements et de sélections
avec les setters noirs d'Écosse. Ils restaient setters écossais ; mais depuis tout est bien changé ! Il ne reste plus
dans les veines de la plupart des chiens nommés Gordon
setters qu'un atome infinitésimal de l'espèce des ducs de
Gordon. Tous les croisements ont été faits pour obtenir
la couleur noire et feu, et à mon avis au grand détriment
des qualités en chasse de ces setters, *au point de vue
français.*

L'Anglais demande à ses chiens des allures de quête à
fond de train et à grande distance. Il cherche donc maintenant à augmenter toujours la vitesse que les setters peuvent dépenser à outrance dans les collines de bruyères où
se trouvent la grouse ou dans les champs d'Angleterre
limités par des clôtures. Mais les chiens ne peuvent supporter cette allure excessive plus de deux ou trois heures,
et le chasseur est suivi d'un garde qui tient en laisse des

chiens *frais*. C'était le propre de la race Gordon d'avoir une large et belle quête qui se maintenait tout un jour, et ce sont ces qualités que je me suis efforcé de conserver en choisissant mes lices en Écosse parmi celles qui se rapprochaient le plus ou émanaient directement de la pure race du duc de Gordon, qu'elles soient de couleur noire et feu, noire et feu sombre ou blanche, noire et feu. Quant aux étalons, j'ai acquis ceux qui pouvaient donner avec ces chiennes les chiens réunissant les qualités de l'ancienne race écossaise. Mon étalon « Rock » remonte à « Grouse », élevé par le duc de Gordon, et à « Argyll », élevé chez le duc d'Argyll. Mes jeunes chiens naissent presque tous avec plus ou moins de blanc, et la cause est facile à déduire : ce sont de *véritables* Gordon setters, émanant de *l'ancienne race blanche, noire et feu.*

La classe des *Black and tan*, dits Gordon setters, établie par le Kennel Club dans son stud-book ne force d'aucune façon ceux qui font preuve de la généalogie de leurs chiens, à prouver d'autre part qu'ils ont un atome du sang de l'espèce des ducs de Gordon. *Le produit d'un chien irlandais rouge et d'un setter noir anglais de race pure, sera inscrit parmi les Black and tan dits,* EN FRANCE, *Gordon setters.*

Je ne saurais trop insister sur cette distinction. Ouvrez les volumes du Kennel club stud-book, et vous trouverez que les espèces setters sont divisées de la façon suivante :

1º English setters ; 2º *Black and tan* setters ; 3º Irish setters. Vous ne trouvez *aucune classe* spéciale pour les Gordon setters ; mais comme cette espèce spéciale écossaise tend à se rapprocher le plus possible de la couleur noire et feu, c'est dans la classe des *Black and tan* que seront inscrits les chiens réunissant le meilleur sang écos-

sais, comme c'est dans là classe des English setters que
sont inscrits les chiens de M. Laverack, ceux de M. Pur-
cell Llewellin, ces derniers chiens, excellents entre tous,
mais presque impossibles à se procurer. Il en résulte qu'il
ne suffit nullement qu'un chien soit inscrit dans la classe
des *Black and tan* setters pour être un Gordon setter, et
que la couleur noire et feu *sans blanc* est pour les meilleurs juges anglais un indice que le chien ne remonte que
de très loin, s'il y remonte, à la race écossaise des ducs
de Gordon. LE PEDIGREE SEUL, c'est-à-dire l'acte authentique de généalogie, peut affirmer le plus ou moins de
parenté avec l'espèce primitive de Gordon-Castle qui ne
se trouve encore qu'entre les mains de quelques anciennes familles écossaises.

Mon opinion demandait à être affirmée par un témoi-
gnage important, bien que les auteurs anglais et tous ceux
qui ont écrit sur les setters aient toujours dit que le blanc
mêlé à la robe noire et feu était un signe de race. Je me
suis adressé à M. R. Trevithick qui a fait naître les célèbres chiens « Ronald », aujourd'hui le champion anglais,
et mes étalons « Rock » et « Monarch », etc., etc. Je lui
ai demandé son avis sur le blanc dans la robe du Gordon.

Voici ce qu'il me répond :

« Hayle, 14 février 1881.

« Mon cher Monsieur,

« J'ai reçu votre lettre du 8 février, et c'est un grand
plaisir pour moi que de vous donner mon opinion sur les
Gordon setters.

« Sans doute pour personne, les ducs de Gordon ont

été les créateurs du Gordon setter; *mais quand ils étaient élevés chez eux, ils étaient tous noirs, blancs et feu;* le plus souvent les marques noires étaient irrégulièrement jetées sur l'ensemble de la robe, et devaient comme *type caracté-ristique de l'espèce être bordées de couleur feu.* Presque toujours une marque feu au-dessus des yeux et généralement une marque feu de chaque côté de la face. Depuis ces dernières années le nom de Gordon setter a été donné à côté, c'est-à-dire à *tous les chiens noirs et feu,* et si l'on peut préférer cette couleur aux chiens blancs, noirs et feu, il n'en est pas moins certain qu'il serait impossible de dé-classer de l'espèce des Gordon setters un chien qui aurait une tache blanche ou d'autres marques; mais voyant que l'on a remplacé le nom de Gordon setter par celui de Black and tan setter, devant une sérieuse compétition je pen-cherai du côté du chien sans blanc, lorsqu'il serait en concurrence avec les chiens noirs et feu.

« Originairement le Gordon setter était plus légèrement construit que le chien noir et feu d'aujourd'hui; mais, pour le dur travail, il n'est pas de setter égal à celui cons-truit comme « dear Rock ». J'ai été bien fou de vous le vendre ainsi que « Monarch », car nous n'avons plus en Angleterre de chiens comme eux et ils seraient les pre-miers à toutes nos grandes expositions.

« Il y a bien peu de chiens aujourd'hui parmi ceux nommés Gordon setters qui aient du sang originaire du château de Gordon. *Les chiens noirs et feu d'aujourd'hui ont été croisés avec les setters anglais et irlandais, avec les premiers pour donner la vitesse, avec les derniers pour donner plus de couleur feu,* et quand, à la dernière exposi-tion du Palais de Cristal à Londres, « Stella », propre sœur de votre chien « Rock » et mère de votre chienne

« Kate » (qui battit sa mère quelque temps après à l'exposition de Bristol), eut gagné le premier prix, le juge me dit : « Je vous engage à envoyer « Stella » aussitôt qu'elle sera en saison au meilleur étalon irlandais rouge qui existe, et vous aurez quelques superbes chiens noirs et feu. » Mais, vous le savez, mes occupations m'ont empêché de continuer à faire naître des chiens et j'ai dû vendre tous ceux que je possédais...

« Recevez, etc. »

Telle a été la réponse de M. Trevithick dont la compétence en pareille matière est indiscutable. Elle confirme mon opinion et celle de bien d'autres, à savoir que le blanc dans le chien noir et feu est *un signe* de l'affinité de son sang avec celui de la race Gordon, et que le chien noir et feu, sans blanc, *n'est qu'une exception* dans une portée de Gordon setters. Elle confirme ce fait que la classe des *Black and tan* au Kennel Club stud-book ne comprend pas que des Gordon setters. *Tout épagneul noir et feu, faisant preuve de sa généalogie, mais n'ayant pas une goutte* de sang Gordon, peut y être inscrit, comme un Gordon setter pur, de couleur blanc, noir et feu, *sera exclu de cette classe des Black and tan, pour être inscrit dans celle des English setters.*

Le pedigree seul peut donc guider en cette circonstance, mais il est certain qu'une grande partie des chiens inscrits au stud-book parmi les chiens noirs et feu n'ont aucun rapport avec la race primitive des ducs de Gordon.

Rien n'est plus variable que le goût anglais au point de vue des formes des chiens. Ce goût change tous les dix ans et tel chien, qui aurait obtenu les plus hautes

récompenses il y a quinze ans, ne serait pas regardé aujourd'hui par les juges.

En ce qui nous concerne, les formes lourdes, épaisses,
du chien que l'on fabrique actuellement pour la catégorie
du Black and tan n'ont pas le don de nous plaire. Ces
formes trapues, ces mauvaises épaules nous semblent in-
compatibles avec la légèreté nécessaire aux longues courses, légèreté qui n'exclut pas plus la résistance que la
puissance des muscles. Nous préférons l'élégance à la
masse, parce que la masse n'est pas une force de locomo-
tion. A notre avis le chien de moyenne taille, muni de
leviers osseux garnis de puissants muscles, d'une poitrine profonde pour que les poumons s'y dilatent à l'aise,
de pieds bien faits, sera toujours le type désirable que
nous chercherons à atteindre, sans souci des questions
de mode et d'appréciation diverses, aussi changeantes que
diverses.

En terminant cette longue lettre, je veux aussi répondre à quelques questions qui m'ont été posées relativement aux poils blancs dans la robe des setters rouges
d'Irlande.

Voici ce que m'écrivait le 12 novembre 1878, M. S. J.
Hurley, l'un des détenteurs du meilleur sang de cette
espèce :

« Dans notre pays d'Irlande et en Angleterre, une marque blanche dans le poil d'un setter rouge n'est nullement
considérée comme une tare. Dans les plus grandes expositions irlandaises ou anglaises, il n'est pas un juge,
même le plus expérimenté, qui ait écarté des concours
un setter qui n'était pas *tout* rouge. Ils apprécient simplement la construction du chien et non sa couleur et ses

marques. Pour vous donner la meilleure preuve que mon appréciation est correcte, le plus célèbre chien de notre espèce, le champion du monde entier, « Palmerston, » parmi les setters rouges d'Irlande, *est marqué de blanc à la poitrine, au pied et à la tête.* J'ai une de ses filles qui a sept mois et qui est marquée de blanc à la poitrine et au cou. Cela ne l'a pas empêché de gagner le second prix à Dublin en juillet dernier lorsqu'elle n'était âgée que de quatre mois et demi.

« Abbey-View, 12 novembre 1878. »

Je désire, Monsieur, que ma réponse soit concluante.

Appuyée comme elle l'est d'aussi importants témoignages joints à une expérience personnelle, déjà longue, des races anglaises et de leur formation, elle élucidera, je l'espère, une question qui intéresse tous les chasseurs aimant les races pures.

Elle affirmera un fait indiscutable : *c'est que la généalogie d'un chien* (le pedigree), *lorsqu'elle est authentique, est la seule preuve de la pureté de son sang.*

PAUL CAILLARD.

P.-S. — Opinion d'Idstone le célèbre éleveur et écrivain anglais, l'un des fondateurs du Kennel Club studbook :

« En dépit de leur poitrine un peu large et de leurs « épaules trop chargées, les Gordon setters peuvent dé- « ployer de très vives allures; leur galop est souple et « léger. Un setter Gordon bien construit a peu de rivaux

« à redouter et c'est dans cette race que j'ai trouvé les
« meilleurs setters.

« Ils craignent moins la soif que les setters anglais :
« l'eau ne leur est pas indispensable et pourvu qu'ils
« soient en bonne condition un bain froid est pour eux
« un luxe qui ne les tente guère. Je n'ai jamais vu un
« Gordon setter devenir boiteux par excès de travail sur
« un terrain trop rude. »

Opinion de Dalziel Dougall :

« Comme chien de chasse, le setter Gordon est excel-
« lent. Il se distingue surtout par la finesse de son nez
« et par la fermeté de son arrêt. Sans doute, il n'est pas
« aussi rapide que le Laverack : beaucoup prétendent
« qu'il résiste moins bien à la fatigue; sur ce point mon
« opinion diffère. J'ai connu des chiens de cette race qui
« chassaient constamment sur des terrains rocailleux sans
« laisser voir jamais la moindre trace de fatigue; leur
« forte ossature, leurs muscles puissants semblent mieux
« les adapter à ce genre de chasse que le setter léger
« créé par M. Laverack. »

P. L.

FIN.

TABLE.

—

EN VENTE A LA MÊME LIBRAIRIE.

Album de la Chasse illustrée. 1 vol. petit in-folio relié percaline, ornements dorés sur plats......... 20 fr.

Bellecroix (Ernest). *Chasse pratique (la).* 1 vol. in-18 jésus, avec illustrations de l'auteur, broché............. 3 fr.
    Cart. percaline...................... 4 fr.
— *Chasses françaises (les).* 1 vol. in-18 jésus......... 3 fr.
— *Dressage du chien d'arrêt (le).* 1 vol. in-18 jésus.. 3 fr.

Bellecroix, de Cherville et de La Rue. *Les Chiens français et anglais,* avec illustrations de Bellecroix. 1 vol. in-8°.. 10 fr.

Capron (E.), pharmacien. *Traité pratique des maladies des chiens.* 1 vol. in-18 jésus................. 1 fr. 50

Chabot (comte de). *La Chasse du chevreuil.* 1 vol. grand in-8° avec 12 photographies................ 20 fr.
    (N'a été tiré qu'à 300 exemplaires.)

Jullemier (Lucien), avocat à la cour de Paris. *Traité des locations de chasse,* suivi d'un formulaire contenant les différents actes auxquels le droit de chasse peut donner lieu. 1 vol. in-18 jésus...................... 1 fr. 50

La Rue (de), ancien inspecteur des forêts. *Le Lièvre, Chasse à tir et à courre.* 1 vol. in-18 jésus............. 2 fr.

Leroy (E.). *Aviculture, faisans, perdrix, colins, initiation à l'élevage,* avec illustrations de E. Bellecroix. 1 vol. in-18 jésus.. 3 fr.
    Cart. percaline...................... 4 fr.
— *La Perruche ondulée.* Éducation pratique. Acclimatation. Reproduction. 1 vol. in-18 jésus.............. 2 fr.

Typographie Firmin-Didot. — Mesnil (Eure).